中国农业标准经典收藏系列

中国农业行业标准汇编

（2021）

农机分册

标准质量出版分社　编

中国农业出版社
农村读物出版社
北　京

图书在版编目（CIP）数据

中国农业行业标准汇编 . 2021. 农机分册/标准质
量出版分社编 .—北京：中国农业出版社，2021.1
（中国农业标准经典收藏系列）
ISBN 978-7-109-27415-0

Ⅰ . ①中…　Ⅱ . ①标…　Ⅲ . ①农业－行业标准－汇编
－中国②农业机械－行业标准－汇编－中国　Ⅳ .
①S-65

中国版本图书馆 CIP 数据核字（2020）第 188326 号

中国农业出版社出版

地址：北京市朝阳区麦子店街 18 号楼
邮编：100125
责任编辑：廖　宁　胡烨芳
版式设计：张　宇　责任校对：赵　硕
印刷：北京印刷一厂
版次：2021 年 1 月第 1 版
印次：2021 年 1 月北京第 1 次印刷
发行：新华书店北京发行所
开本：880mm×1230mm　1/16
印张：14.25
字数：480 千字
定价：180.00 元

主　　编：刘　伟

副 主 编：冀　刚

编写人员（按姓氏笔画排序）：

　　　　冯英华　刘　伟　杨桂华

　　　　胡烨芳　廖　宁　冀　刚

出 版 说 明

　　近年来，我们陆续出版了多版《中国农业标准经典收藏系列》标准汇编，已将 2004—2018 年由我社出版的 4 400 多项标准单行本汇编成册，得到了广大读者的一致好评。无论从阅读方式还是从参考使用上，都给读者带来了很大方便。

　　为了加大农业标准的宣贯力度，扩大标准汇编本的影响，满足和方便读者的需要，我们在总结以往出版经验的基础上策划了《中国农业行业标准汇编（2021）》。本次汇编对 2019 年出版的 226 项农业标准进行了专业细分与组合，根据专业不同分为种植业、畜牧兽医、植保、农机、综合和水产 6 个分册。

　　本书收录了机械化统计基础指标、作业质量、质量评价技术规范、安全技术检验规范、能效等级评价、重点检查技术规范、农业机械化水平评价、适用性评价方法、报废技术条件等方面的农业标准 24 项，并在书后附有 2019 年发布的 6 个标准公告供参考。

　　特别声明：

　　1. 汇编本着尊重原著的原则，除明显差错外，对标准中所涉及的有关量、符号、单位和编写体例均未做统一改动。

　　2. 从印制工艺的角度考虑，原标准中的彩色部分在此只给出黑白图片。

　　3. 本辑所收录的个别标准，由于专业交叉特性，故同时归于不同分册当中。

　　本书可供农业生产人员、标准管理干部和科研人员使用，也可供有关农业院校师生参考。

标准质量出版分社

2020 年 9 月

目 录

ICS 65.060.10
T 61

中华人民共和国农业行业标准

NY/T 209—2019
代替 NY/T 209—2006

农业轮式拖拉机　质量评价技术规范

Technical specification of quality evaluation for agricultural wheeled tractors

2019-08-01 发布

2019-11-01 实施

中华人民共和国农业农村部 发布

前　言

本标准按照 GB/T 1.1—2009 给出的规则起草。

本标准代替 NY/T 209—2006《农业轮式拖拉机　质量评价技术规范》。与 NY/T 209—2006 相比，除编辑性修改外主要技术变化如下：

——增加了质量评价所需的文件资料、产品规格表、检验用主要仪器设备和准确度等基本要求；

——修改了规范性引用文件；

——增加了术语和定义；

——修改了动力输出轴（或发动机）最大功率等部分性能检验项目指标；

——增加了最大有效液压输出功率与发动机标定功率之比、喇叭性能等检验项目；

——修改了安全要求内容；

——增加了操纵方便性要求和试验方法；

——修改了使用说明书检查内容；

——增加了三包凭证检查；

——修改了检验规则；

——增加了附录 A。

本标准由农业农村部农业机械化管理司提出。

本标准由全国农业机械标准化技术委员会农业机械化分技术委员会(SAC/TC 201/SC 2)归口。

本标准起草单位：山东省农业机械科学研究院、国家拖拉机质量监督检验中心(北京)、泰安泰山国泰拖拉机制造有限公司、四川省农业机械鉴定站。

本标准主要起草人：陈明传、王永建、韩兴昌、陈光阔、兰翼、汪伟、刘斌、陈海燕、张山坡、李建秋、畅雄勃。

本标准所代替标准的历次版本发布情况为：

——NY/T 209—1992、NY/T 209—2006。

农业轮式拖拉机　质量评价技术规范

1　范围

本标准规定了农业轮式拖拉机的术语和定义、基本要求、质量要求、检测方法和检验规则。

本标准适用于农业轮式拖拉机(以下简称拖拉机)的质量评定。

2　规范性引用文件

下列文件对于本文件的应用是必不可少的。凡是注日期的引用文件,仅注日期的版本适用于本文件。凡是不注日期的引用文件,其最新版本(包括所有的修改单)适用于本文件。

GB/T 2828.11—2008　计数抽样检验程序　第 11 部分:小总体声称质量水平的评定程序

GB/T 3871.1　农业拖拉机　试验规程　第 1 部分:通用要求

GB/T 3871.3　农业拖拉机　试验规程　第 3 部分:动力输出轴功率试验

GB/T 3871.4　农业拖拉机　试验规程　第 4 部分:后置三点悬挂装置提升能力

GB/T 3871.9　农业拖拉机　试验规程　第 9 部分:牵引功率试验

GB/T 3871.10　农业拖拉机　试验规程　第 10 部分:低温起动

GB/T 3871.18　农业拖拉机　试验规程　第 18 部分:拖拉机与机具接口处液压功率

GB/T 3871.19　农业拖拉机　试验规程　第 19 部分:轮式拖拉机转向性能

GB/T 6960.1　拖拉机术语　第 1 部分:整机

GB/T 9480　农林拖拉机和机械、草坪和园艺动力机械　使用说明书编写规则

GB/T 10910　农业轮式拖拉机和田间作业机械驾驶员全身振动的测量

GB 18447.1　拖拉机　安全要求　第 1 部分:轮式拖拉机

GB 18447.4　拖拉机　安全要求　第 4 部分:皮带传动轮式拖拉机

GB/T 19040　农业拖拉机　转向要求

GB/T 19407　农业拖拉机操纵装置最大操纵力

GB 20891　非道路移动机械用柴油机排气污染物排放限值及测量方法(中国第三、四阶段)

GB/T 24645　拖拉机防泥水密封性　试验方法

GB/T 24648.1　拖拉机可靠性考核

JB/T 5673　农林拖拉机及机具涂漆　通用技术条件

JB/T 6712　拖拉机外观质量要求

JB/T 9832.2　农林拖拉机及机具　漆膜　附着性能测定方法　压切法

JB/T 11891—2014　农林拖拉机和机械用喇叭

JB/T 12847—2016　拖拉机冷却系热平衡　试验方法

NY/T 2187　拖拉机号牌座设置技术要求

3　术语和定义

GB/T 6960.1 界定的以及下列术语和定义适用于本文件。

3.1

果园及温室大棚作业拖拉机　orchard & greenhouse tractor

主要用于果园及温室大棚耕作和田间管理作业、标定功率(12 h)不大于 37.48 kW 的拖拉机。

4　基本要求

4.1　质量评价所需的文件资料

对拖拉机进行质量评价所需提供的文件资料应包括：

a) 产品规格表(见附录 A)；

b) 产品执行标准或产品制造验收技术条件；

c) 产品使用说明书；

d) 三包凭证；

e) 样机照片(正前方、正后方、正前方两侧 45°各 1 张)。

4.2 主要技术参数核对与测量

依据产品使用说明书、标牌和其他技术文件，对样机的主要技术参数按表 1 进行核对或测量。

表 1 核测项目与方法

序号	项目		方法
1	整机	型号	核对
2		型式	核对
3		外廓尺寸(长×宽×高),mm	测量
4		轴距,mm	测量
5		轮距(前轮/后轮),mm	测量
6		轮距(前轮/后轮)调整方式	核对
7		最小离地间隙,mm	测量
8		最小使用质量,kg	测量
9		标准配重(前/后),kg	测量
10		最大配重(前/后),kg	测量
11		挡位数(前进/倒退/爬行)	核对
12		主变速挡位数,个	核对
13		副变速挡位数/其他挡位数,个	核对
14		各挡理论速度,km/h	核对
15		发动机与离合器连接方式	核对
16		起动方式	核对
17	防护装置(驾驶室或安全框架)	型号	核对
18		型式	核对
19	发动机	结构型式	核对
20		型号	核对
21		标定功率(12 h),kW	核对
22		标定转速,r/min	核对
23	排气管	型号	核对
24	前照灯	型号	核对
25	驾驶员座椅	型号	核对
26		型式	核对
27	安全带	型号	核对
28	燃油箱	型号	核对
29		容积,L	核对
30	转向系	转向系型式	核对
31		转向器型式	核对
32	制动系	行车制动系型式	核对
33		行车制动器型式	核对
34		驻车制动系型式	核对
35	传动系	主离合器型式	核对
36		动力输出轴离合器型式	核对
37		变速箱型式	核对
38		中央传动型式(前/后)	核对
39		差速器型式(前/后)	核对
40		最终传动方式(前/后)	核对

表 1（续）

序号	项 目		方法
41	行走系	机架型式	核对
42		轮胎型号(前轮/后轮)	核对
43	工作装置	液压悬挂系统型式	核对
44		液压悬挂装置型式	核对
45		液压悬挂装置类别	核对
46		调节方式	核对
47		液压输出数	核对
48		动力输出轴型式	核对
49		动力输出轴传动比	核对

4.3 试验条件

4.3.1 试验前应按产品使用说明书的要求对样机进行调整。

4.3.2 试验条件应符合 GB/T 3871 相关部分和 GB/T 10910 的规定。

4.3.3 主要仪器设备

试验用仪器设备应通过校准或检定合格,并在有效期内,试验仪器设备、测量单位和允许测量误差应符合 GB/T 3871 相关部分和 GB/T 10910 的规定。

5 质量要求

5.1 性能要求

拖拉机的主要性能指标应符合表 2 的规定。

表 2 性能要求

序号	项 目	质量指标	对应的检测方法条款号
1	动力输出轴(或发动机)最大功率,kW	动力输出轴试验: a) 发动机标定功率(12 h)≤130 kW 时:在发动机标定转速下,不小于企业规定值[但配备全功率输出轴时,应不小于发动机标定功率(12 h)的 85%]的 95%,且应不大于发动机标定功率(铭牌) b) 发动机标定功率(12 h)>130 kW 时:在发动机标定转速下,应不小于企业规定值[但配备全功率输出轴时,应不小于发动机标定功率(12 h)的 80%]的 95%,且应不大于发动机标定功率(铭牌) 无后置动力输出轴拖拉机的发动机台架试验: 在发动机标定转速下,应不小于发动机标定功率(12 h)的 95%,且应不大于发动机标定功率的 105%	6.1.2
2	动力输出轴(或发动机)变负荷平均燃油消耗率,g/(kW·h)	动力输出轴试验: a) ≤350[发动机标定功率(12 h)≤22.06 kW 的单缸直联拖拉机] b) ≤350[22.06 kW<发动机标定功率(12 h)<73 kW 的直联拖拉机] c) ≤365(皮带传动拖拉机) d) ≤365[发动机标定功率(12 h)≤22.06 kW 的多缸直联拖拉机] e) ≤380[发动机标定功率(12 h)≥73 kW 的拖拉机] 无后置动力输出轴拖拉机的发动机台架试验: ≤310[皮带传动和发动机标定功率(12 h)≤50 kW 的拖拉机]	6.1.2

表 2（续）

序号	项 目	质量指标	对应的检测方法条款号
3	动力输出轴（或发动机）转矩储备率，%	动力输出轴试验： a) ≥12（皮带传动拖拉机） b) ≥15[发动机标定功率(12 h)≤50 kW 的直联拖拉机] c) ≥20[发动机标定功率(12 h)>50 kW] 无后置动力输出轴拖拉机的发动机台架试验： ≥12	6.1.2
4	动力输出轴（或发动机）最大转矩点转速与最大功率点（在发动机标定转速下）转速之比，%	动力输出轴试验： ≤75 无后置动力输出轴拖拉机的发动机台架试验： ≤80	6.1.2
5	最大提升力，N	发动机标定功率(12 h)≤50 kW： 加载点在悬挂轴后 610 mm 处的提升力应不小于企业规定值,且每千瓦牵引功率的提升力应≥300 发动机标定功率(12 h)>50 kW： 加载点在悬挂轴后 610 mm 处的提升力应不小于企业规定值,且每千瓦牵引功率的提升力应≥320 果园及温室大棚作业拖拉机： 在距离下悬挂点后 305 mm 处的提升力应≥2 000	6.1.3
6	提升时间，s	在企业技术文件规定的最大提升力时： a) ≤3[发动机标定功率(12 h)≤50 kW]; b) ≤4[发动机标定功率(12 h)>130 kW]	6.1.3
7	静沉降量，mm	在企业技术文件规定的最大提升力时,30 min 的静沉降量应不大于加载点提升行程的 4%	6.1.3
8	高温性能	应符合 JB/T 12847—2016 第 8 章的规定	6.1.4
9	低温起动性能	手摇起动的果园及温室大棚作业拖拉机在 0℃应能顺利起动,其他拖拉机在−5℃的环境温度下应能顺利起动	6.1.5
10	最大有效液压输出功率与发动机标定功率(12 h)之比，%	a) ≥10[发动机标定功率(12 h)≤50 kW 的多缸直联拖拉机] b) ≥12[发动机标定功率(12 h)>50 kW 的拖拉机、皮带传动拖拉机、发动机标定功率(12 h)≤22.06 kW 单缸直联拖拉机和果园及温室大棚作业拖拉机]	6.1.6
11	防泥水密封性	防泥水试验后不应有泥水渗入机体	6.1.7
12	转向性能	应符合 GB/T 19040 的规定	6.1.8
13	最大牵引功率	果园及温室大棚作业拖拉机： ≥发动机标定功率(12 h)的 0.70 倍 其他： ≥发动机标定功率(12 h)的 0.75 倍	6.1.9
14	最大牵引功率工况下的牵引比油耗，g/(kW·h)	多缸： a) ≤355[发动机标定功率(12 h)≤22.06 kW] b) ≤340[22.06 kW<发动机标定功率(12 h)<73 kW] c) ≤369[73 kW≤发动机标定功率(12 h)≤130 kW] d) ≤370[发动机标定功率(12 h)>130 kW] 单缸直联： ≤340 皮带传动及果园及温室大棚作业： ≤355	6.1.9
15	最大牵引力（滑转率为 15%时），kN	a) 不小于企业规定值 b) 发动机标定功率(12 h)>130 kW 的拖拉机,最大牵引力还应不小于标定牵引力的 1.5 倍	6.1.9
16	喇叭性能，dB(A)	应符合 JB/T 11891—2014 第 5 章的要求	6.1.10

表 2（续）

序号	项　目	质量指标	对应的检测方法条款号
17	结构比质量，kg/kW	两轮驱动拖拉机： 　　a)　≤60［发动机标定功率(12 h)≤50 kW 的多缸直联拖拉机］ 　　b)　≤65［发动机标定功率(12 h)＞130 kW 和发动机标定功率(12 h)≤22.06 kW 的单缸直联拖拉机］ 四轮驱动拖拉机： 　　a)　≤65［发动机标定功率(12 h)≤50 kW 多缸直联拖拉机和发动机标定功率(12 h)＞130 kW 的拖拉机］ 　　b)　≤70［发动机标定功率(12 h)≤22.06 kW 的单缸直联拖拉机］	6.1.11

5.2　安全要求

5.2.1　直联传动轮式拖拉机的安全要求应符合 GB 18447.1 的规定，皮带传动轮式拖拉机的安全要求应符合 GB 18447.4 的规定。

5.2.2　拖拉机配套发动机应具有质量安全标志及符合 GB 20891 规定的标签。

5.2.3　拖拉机号牌座的设置应符合 NY/T 2187 的规定。

5.3　装配、外观、涂漆质量

5.3.1　密封性

在磨合运行和性能试验期间，各密封面、管接头处应无渗漏；在正常工作时，各系统不应有漏油、漏水、漏气、漏电现象，发动机不应窜机油。

5.3.2　主离合器

主离合器应结合平稳、分离彻底，主离合器结合时应能传递发动机全部转矩。

5.3.3　外观质量

拖拉机外观质量应符合 JB/T 6712 的规定。

5.3.4　涂漆质量

拖拉机涂漆质量应符合 JB/T 5673 的规定，漆膜附着性能应不低于 JB/T 9832.2 中 II 级的规定。

5.4　操作方便性

5.4.1　发动机在全程调速范围内应能稳定运转，并能直接或间接通过熄火装置使发动机停止运转；手油门手柄应能可靠停在任何位置，不受脚油门影响。

5.4.2　拖拉机各操纵机构应轻便灵活、松紧适度，各机构行程调整应符合使用说明书的规定。所有能自动回位的操纵件，在操纵力去除后应能自动回位；非自动回位的操纵件应能可靠地停在选定位置。各操纵机构的最大操纵力应符合 GB/T 19407 的规定。

5.4.3　在各挡工作时，变速箱不应有乱挡、脱挡等换挡失效现象。

5.4.4　拖拉机上的仪表显示应清晰准确，信号报警系统和电气照明及其开关的工作应可靠。

5.4.5　拖拉机转向性能应符合 GB/T 19040 的要求。最小转向圆半径应达到使用说明书的规定。转向盘最大自由转动量应不大于 30°。

5.4.6　拖拉机在硬路面直线行驶时，前轮不应有目测能见的摆动。

5.4.7　保养点设置应合理、便于操作，保养点数应合理。

5.4.8　换装易损件应方便。

5.5　可靠性

拖拉机的可靠性试验平均故障间隔时间(MTBF)应不小于 210 h，无故障性综合评分值(Q)应不小于 70 分。

5.6　使用信息

5.6.1　使用说明书

使用说明书的编制应符合 GB/T 9480 的规定,其内容至少应包括:

a)　主要技术规格及配套要求;

b)　安全注意事项、警示标志样式及粘贴位置;

c)　操作说明;

d)　维护保养说明;

e)　安装、调整的方法、数据及示意图;

f)　常见故障及排除方法;

g)　适用范围;

h)　执行标准编号;

i)　结构示意图及电气线路图;

j)　悬挂装置运动示意图;

k)　易损件清单;

l)　联系方式。

5.6.2　三包凭证

三包凭证至少应包括以下内容:

a)　产品名称、产品品牌(如有)、型号规格、购买日期、出厂编号;

b)　配套动力(品牌、型号及出厂编号);

c)　生产企业、联系地址、电话;

d)　已经指定销售者和修理者的,应有销售者和修理者的名称、联系地址、电话、三包项目;

e)　整机三包有效期(月);

f)　主要部件三包有效期(月);

g)　主要部件清单,易损件及其他零部件质量保证期;

h)　销售记录(包括销售者、销售地点、销售日期、购机发票号码等信息);

i)　修理记录(包括送修时间、送修故障、修理情况、交货日期、换退货证明等信息);

j)　三包免责声明。

5.6.3　标牌

标牌应固定在拖拉机的明显位置,其内容至少应包括:

a)　拖拉机型号及名称;

b)　发动机标定功率(12 h);

c)　出厂编号及年月;

d)　企业名称及地址;

e)　产品执行标准编号。

6　检测方法

6.1　性能试验

6.1.1　一般要求

拖拉机试验样机的验收、磨合、通用试验要求应符合 GB/T 3871.1 的规定。

6.1.2　动力输出轴(或发动机台架)试验

按照 GB/T 3871.3 的规定进行动力输出轴(或发动机台架)试验,测定下列参数:

a)　动力输出轴(或发动机)最大功率;

b)　动力输出轴(或发动机)变负荷平均燃油消耗率;

c)　动力输出轴(或发动机)转矩储备率;

d) 动力输出轴(或发动机)最大转矩点转速与最大功率点(在发动机标定转速下)转速之比。

6.1.3 悬挂装置提升能力试验

按照 GB/T 3871.4 的规定进行悬挂装置提升能力试验,测定下列参数:

a) 最大提升力;
b) 提升时间;
c) 静沉降量。

6.1.4 高温性能试验

高温性能按照 JB/T 12847—2016 的规定进行。

6.1.5 低温起动性能试验

低温起动性能按照 GB/T 3871.10 的规定进行。

6.1.6 液压输出功率试验

最大有效液压输出功率与发动机标定功率(12 h)之比按 GB/T 3871.18 的规定进行。

6.1.7 防泥水密封性试验

防泥水密封性按 GB/T 24645 的规定进行。

6.1.8 转向性能试验

转向性能按 GB/T 3871.19 的规定进行。

6.1.9 牵引试验

按照 GB/T 3871.9 的规定进行牵引试验,测定下列参数:

a) 最大牵引功率;
b) 最大牵引功率工况下的牵引比油耗;
c) 最大牵引力(滑转率为 15% 时)。

6.1.10 喇叭性能测定

按 JB/T 11891—2014 第 6 章的规定执行。

6.1.11 结构比质量测定

测定拖拉机结构质量,计算其与发动机标定功率(12 h)比值。

6.2 安全性检查

直联传动轮式拖拉机安全性检查按 GB 18447.1 的规定执行,皮带传动轮式拖拉机安全性检查按 GB 18447.4 的规定执行。

6.3 装配、外观、涂漆质量检查

6.3.1 性能试验时,按 5.3 的规定逐项检查。

6.3.2 涂漆质量按 JB/T 5673 的规定执行,按 JB/T 9832.2 的规定测量涂层附着力。

6.4 操作方便性检查

按 5.4 的规定逐项检查。

6.5 可靠性试验

按 GB/T 24648.1 的规定执行。

6.6 使用说明书审查

按 5.6.1 的规定逐项检查。

6.7 三包凭证审查

按 5.6.2 的规定逐项检查。

6.8 标牌审查

按 5.6.3 的规定逐项检查。

7 检验规则

7.1 检验项目及不合格分类

检验项目按其对产品质量的影响程度,分为 A、B、C、D 4 类,不合格项目分类见表 3。

表 3 检验项目及不合格分类

不合格分类		检验项目	对应的质量要求的条款号
类别	序号		
A	1	转向性能	5.1
	2	喇叭性能	5.1
	3	安全要求	5.2
	4	可靠性	5.5
B	1	动力输出轴(或发动机)最大功率	5.1
	2	动力输出轴(或发动机)变负荷平均燃油消耗率	5.1
	3	动力输出轴(或发动机)转矩储备率	5.1
	4	最大提升力	5.1
	5	最大有效液压输出功率与发动机标定功率(12 h)之比	5.1
	6	最大牵引功率	5.1
	7	最大牵引功率工况下的牵引比油耗	5.1
	8	最大牵引力	5.1
	9	使用说明书	5.6.1
	10	标牌	5.6.3
C	1	动力输出轴(或发动机)最大转矩点转速与最大功率点(在发动机标定转速下)转速之比	5.1
	2	提升时间	5.1
	3	静沉降量	5.1
	4	高温性能	5.1
	5	低温起动性能	5.1
	6	操作方便性	5.4
D	1	防泥水密封性	5.1
	2	结构比质量	5.1
	3	密封性	5.3.1
	4	主离合器	5.3.2
	5	外观质量	5.3.3
	6	涂漆质量	5.3.4
	7	三包凭证	5.6.2

7.2 抽样方案

7.2.1 抽样方案按照 GB/T 2828.11—2008 中表 B.1 的要求制订,见表 4。

表 4 抽样方案

检验水平	O
声称质量水平(DQL)	1
核查总体(N)	10
样本量(n)	1
不合格品限定数(L)	0

7.2.2 采用随机抽样方法,在生产企业近 12 个月内生产的合格产品中随机抽取,抽样基数为 10 台,抽取 1 台。在用户或销售单位抽样时不受此限。

7.3 评定规则

对样机的 A、B、C、D 各类检验项目逐项考核和判定,当 A 类不合格项目数为 0(即 A=0)、B 类不合格项目数不超过 1(即 B≤1)、C 类不合格项目数不超过 2(即 C≤2)、D 类不合格项目数不超过 3(即 D≤3),判定样机为合格产品;否则,判定样机为不合格产品。

7.4 综合判定

若样机为合格品(即样机的不合格品数不大于不合格品限定数),则判定通过;若样机为不合格品(即样机的不合格品数大于不合格品限定数),则判定不通过。

附 录 A
（规范性附录）
产 品 规 格 表

产品规格表见表 A.1。

表 A.1 产品规格表

序号	项 目		单位	设计值
1	整机	型号	—	
2		型式	—	
3		外廓尺寸(长×宽×高)	mm	
4		轴距	mm	
5		轮距(前轮/后轮)	mm	
6		轮距(前轮/后轮)调整方式	—	
7		最小离地间隙	mm	
8		最小使用质量	kg	
9		标准配重(前/后)	kg	
10		最大配重(前/后)	kg	
11		挡位数(前进/倒退/爬行)	—	
12		主变速挡位数	个	
13		副变速挡位数/其他挡位数	个	
14		各挡理论速度	km/h	
15		发动机与离合器连接方式	—	
16		起动方式	—	
17		动力输出轴功率	kW	
18		最大牵引力	kN	
19	翻倾防护装置	型号	—	
20	(驾驶室或安全框架)	型式	—	
21	发动机	结构型式	—	
22		型号	—	
23		进气方式	—	
24		气缸数	个	
25		缸径×行程	mm	
26		标定功率(12 h)	kW	
27		标定转速	r/min	
28		型式核准证书(或等效证明文件)	—	
29		空气滤清器型式	—	
30		空气滤清器型号	—	
31		起动机型号	—	
32		冷却系统型式	—	
33	排气管	型号	—	
34	前照灯	型号	—	
35	后视镜	型号	—	
36	驾驶员座椅	型号	—	
37		型式	—	
38	前挡风玻璃/门窗玻璃	型号	—	
39	安全带	型号	—	
40	燃油箱	型号	—	
41		容积	L	

表 A.1（续）

序号	项 目		单位	设计值
42	转向系	转向系型式	—	
43		转向器型式	—	
44		正常工作压力	MPa	
45		液压软管标注的最大工作压力	MPa	
46		液压软管的爆破压力	MPa	
47	制动系	行车制动系型式	—	
48		驻车制动系型式	—	
49	安全起动装置	型式	—	
50	传动系	前驱动桥型式(旱地型、水田型)	—	
51		离合器型式	—	
52		动力输出轴离合器型式	—	
53		变速箱型式	—	
54		主变速箱换挡方式	—	
55		副变速箱换挡方式	—	
56		中央传动型式(前/后)	—	
57		差速器型式(前/后)	—	
58		差速锁型式(前/后)	—	
59		最终传动方式(前/后)	—	
60	行走系	机架型式	—	
61		轮胎型号(前轮/后轮)	—	
62		轮胎气压(前轮/后轮)	kPa	
63	工作装置	液压悬挂系统型式	—	
64		液压悬挂装置型式	—	
65		液压悬挂装置类别	—	
66		调节方式	—	
67		液压油泵型式	—	
68		液压油泵型号	—	
69		安全阀全开压力	MPa	
70		动力输出轴型式	—	
71		动力输出轴传动比	—	
72		框架上最大提升力	kN	

ICS 65.060.99
B 91

中华人民共和国农业行业标准

NY/T 364—2019
代替 NY/T 364—1999

种子拌药机 质量评价技术规范

Seed chemical treater—Technical specification of quality evaluation

2019-08-01 发布

2019-11-01 实施

中华人民共和国农业农村部 发布

前　言

本标准按照 GB/T 1.1—2009 给出的规则起草。

本标准代替 NY/T 364—1999《种子拌药机试验鉴定方法》。与 NY/T 364—1999 相比,除编辑性修改外主要内容变化如下:

——标准名称由《种子拌药机试验鉴定方法》修改为《种子拌药机　质量评价技术规范》;

——修改了标准的总体结构;

——修改了引用标准;

——删除了术语和定义;

——增加了基本要求;

——删除了一等品、优等品的相关内容;

——删除了呋喃丹散逸量、小时生产率、拌药均匀性变异系数、空运转、密封性、涂漆质量、涂层厚度、各传动副带轮或链轮的对称中心面位置度、焊接质量和调节装置等项目的相关内容;

——增加了拌药合格率、装配质量、外观质量、操作方便性、三包凭证、标牌的质量要求及检测方法;

——修改了破损率、自动清机度项目名称,相应修改为种子破碎率增值、种子残留率;

——修改了试验用仪器设备的要求;

——修改了试验条件、试验要求;

——修改了检验规则;

——删除了附录 A 中试验检测记录表;

——修改了不合格分类及判定规则;

——增加了产品规格表;

——删除了附录 B、附录 C。

本标准由农业农村部农业机械化管理司提出。

本标准由全国农业机械标准化技术委员会农业机械化分技术委员会(SAC/TC 201/SC 2)归口。

本标准起草单位:甘肃省农业机械质量管理总站、酒泉奥凯种子机械股份有限公司、会宁县耘丰农业机械制造有限公司。

本标准主要起草人:程兴田、赵多佳、潘卫云、赵建托、贾生活、王天果、岳子信。

本标准所代替标准的历次版本发布情况为:

——NY/T 364—1999。

种子拌药机　质量评价技术规范

1　范围

本标准规定了种子拌药机的基本要求、质量要求、检测方法和检验规则。

本标准适用于批次式和连续式种子拌药机的质量评定。

2　规范性引用文件

下列文件对于本文件的应用是必不可少的。凡是注日期的引用文件,仅注日期的版本适用于本文件。凡是不注日期的引用文件,其最新版本(包括所有的修改单)适用于本文件。

GB/T 2828.11—2008　计数抽样检验程序　第11部分:小总体声称质量水平的评定程序

GB/T 5262—2008　农业机械试验条件　测定方法的一般规定

GB/T 5667　农业机械　生产试验方法

GB/T 9480　农林拖拉机和机械、草坪和园艺动力机械　使用说明书编写规则

GB 10396　农林拖拉机和机械、草坪和园艺动力机械　安全标志和危险图形　总则

GB/T 23821　机械安全　防止上下肢触及危险区的安全距离

JB/T 9832.2—1999　农林拖拉机及机具　漆膜　附着性能测定方法　压切法

3　基本要求

3.1　质量评价所需的文件资料

对种子拌药机进行质量评价所需提供的文件资料应包含:

a)　产品规格表(见附录A),并加盖企业公章;

b)　企业产品执行标准或产品制造验收技术条件;

c)　使用说明书;

d)　三包凭证;

e)　样机照片。

3.2　主要技术参数核对与测量

依据产品使用说明书、标牌和其他技术文件,对样机的主要技术参数按表1的规定进行核对或测量。

表1　核测项目与方法

序号	项　　目		方法
1	型号规格		核对
2	结构型式		核对
3	外形尺寸(长×宽×高)		测量
4	结构质量		测量
5	电机功率		核对
6	喂入方式		核对
7	药筒容积		测量
8	滚筒或搅拌器轴转速		测量
9	滚筒或搅拌器容积		测量
10	雾化喷头压力[a]		测量
11	液泵	型式	核对
		流量	核对
		扬程	核对
[a]　在喷头处接上压力表测试。			

3.3 试验条件

3.3.1 试验场地应满足样机的试验要求,并通风良好。

3.3.2 试验样机应按产品使用说明书要求进行安装,并调整到正常工作状态。

3.3.3 试验动力应采用电动机,其功率应符合产品使用说明书规定。

3.3.4 试验电压与额定电压的偏差应不大于5%。

3.3.5 试验用种子净度应不低于99.0%。

3.3.6 试验环境温度应不低于5℃。

3.4 主要仪器设备

试验用仪器设备应通过校准或检定合格,并在有效期内。仪器设备的测量范围和准确度要求应满足表2的要求。

表2　主要仪器设备测量范围和准确度要求

序号	测量参数名称	测量范围	准确度要求
1	长度	0 m～5 m	1 mm
		0 mm～300 mm	0.02 mm
2	质量	0 g～1 000 g	0.1 g
		0 kg～100 kg	50 g
3	时间	0 h～24 h	0.5 s/d
4	温度	0℃～60℃	1℃
5	噪声	40 dB(A)～120 dB(A)	2级
6	绝缘电阻	0 MΩ～200 MΩ	5.0级
7	耗电量	0 kW·h～50 kW·h	2.0级
注:另需工具有分样器、扦样器、样品袋、样品盒。			

4 质量要求

4.1 性能要求

种子拌药机的性能应符合表3的要求。

表3　性能要求

序号	项　　目	质量指标	对应的检测方法条款号
1	千瓦小时生产率,t/(kW·h)	≥0.5	5.1.2
2	种子破碎率增值,%	≤0.1	5.1.3
3	拌药合格率,%	≥95	5.1.4
4	种子残留率,%	≤0.5	5.1.5
5	轴承温升,℃	≤25	5.1.6
6	噪声,dB(A)	≤85	5.1.7
7	药液与种子量配比调节范围	不低于企业明示范围	5.1.8

4.2 安全要求

4.2.1 产品使用说明书中应规定安全操作规程和安全注意事项。

4.2.2 电器装置应有过载保护装置和漏电保护装置。各电动机接线端子与机体间的绝缘电阻应不小于1 MΩ。

4.2.3 外露传动件、旋转部件应有安全防护装置。安全防护装置应能保证人体任何部位不会触及转动部件,并不妨碍机器操作、保养和观察。安全防护距离应符合GB/T 23821的要求。

4.2.4 可能影响人身安全的部位应有符合GB 10396要求的安全标志。电控柜应有醒目的防触电安全标志,操纵按钮处应用中文文字或符号标志标明用途。在滚筒端面附近应有滚筒旋向标识。

4.3 装配质量

4.3.1 各紧固件、连接件应牢固可靠不松动。

4.3.2 各运转件应转动灵活、平稳,不应有异常振动、声响及卡滞现象。

4.3.3 工作时不应漏药、漏种。

4.4 外观质量

4.4.1 整机表面应平整光滑,不应有碰伤、划伤痕迹及制造缺陷。

4.4.2 涂漆表面应色泽均匀,不应有露底、起泡、起皱、流挂现象。

4.5 漆膜附着力

应符合 JB/T 9832.2—1999 中表 1 规定的 II 级或 II 级以上要求。

4.6 操作方便性

4.6.1 各操纵机构及控制按钮等位置应设置合理,且应灵活、可靠。

4.6.2 各注油孔的位置应设计合理,保养时不受其他部件妨碍。

4.6.3 内部应便于清理,不应有难以清除残留物的死角。

4.6.4 上料和卸料不应受其他部件妨碍。

4.6.5 滚筒或搅拌器及易损件拆装方便。

4.7 使用有效度

种子拌药机的使用有效度应不小于 95%。

4.8 使用说明书

使用说明书的编制应符合 GB/T 9480 的要求,且至少应包括以下内容:

 a) 再现安全标志,并明确安全标志粘贴或固定在产品的位置;

 b) 产品主要用途和适用范围;

 c) 产品主要技术参数;

 d) 产品正确的安装与调试方法;

 e) 产品操作方法;

 f) 产品安全注意事项;

 g) 产品维护与保养要求;

 h) 产品常见故障及排除方法;

 i) 产品易损件清单;

 j) 产品执行标准。

4.9 三包凭证

应有三包凭证,至少应包括以下内容:

 a) 产品品牌(如有)、型号规格、购买日期和出厂编号;

 b) 生产者名称、联系地址、电话和邮编;

 c) 已经指定销售者和修理者的,应有销售者和修理者的名称、联系地址、电话、邮编和三包项目;

 d) 整机三包有效期(不低于 1 年);

 e) 主要零部件名称和质量保证期;

 f) 易损件及其他零部件质量保证期;

 g) 销售记录(包括销售者、销售地点、销售日期和购机发票号码);

 h) 修理记录(包括送修时间、交货时间、送修故障、修理情况和换退货证明);

 i) 三包免责声明。

4.10 铭牌

铭牌应固定在明显位置。铭牌至少应包括以下内容:

 a) 产品型号及名称;

    b) 整机外形尺寸；

    c) 配套动力；

    d) 整机质量；

    e) 制造单位；

    f) 生产日期及出厂编号；

    g) 产品执行标准代号。

5 检测方法

5.1 性能试验

5.1.1 试验要求

5.1.1.1 试验用种子为小麦种子。试验前，按 GB/T 5262—2008 中 10.1、10.3、10.4 的规定测定种子的容积质量、净度、破碎率。

5.1.1.2 农药统一用试验用药液代替，试验用药液用清水和红墨水按 5∶1 的比例配制。

5.1.1.3 样机应进行不少于 5 min 的空运转，检查各运动件是否工作正常、平稳。

5.1.1.4 空运转结束后，按使用说明书规定将样机调试到正常工作状态。其中，连续式拌药机将生产率调整到企业明示的范围内，药液与种子量配比调节到约为企业明示范围的中间值。

5.1.1.5 批次式拌药机，试验 3 个批次，每批次按使用说明书规定的种子量、农药量及拌药时间进行拌药。测定拌药开始到排料结束时段内的耗电量，并称量在出料口排出的拌药后种子质量（含 5.1.1.6 中接取的样品）。

    连续式拌药机，试验 3 次，每次试验时间不少于 10 min。每次试验，当样机正常作业 5 min 后，开始在出料口接取拌药后种子，同时开始测定耗电量；10 min 后，同时停止接取拌药后种子和耗电量测定。称量接取的拌药后种子质量（含 5.1.1.6 中接取的样品）。

5.1.1.6 每批（次）试验，在出料口接取拌药后种子样品 1 次，质量不少于 500 g，自然放置 24 h 后，进行相关项目测定。

5.1.2 千瓦小时生产率

    按式（1）计算，结果取 3 批（次）试验平均值。

$$E_d = \frac{G}{D \times 1000} \quad\cdots\cdots\cdots\cdots\cdots\cdots\cdots\cdots\cdots\cdots\cdots\cdots\cdots\cdots\cdots (1)$$

    式中：

    E_d——千瓦小时生产率，单位为吨每千瓦每小时[t/（kW·h）]；

    G ——拌药后种子质量，单位为千克（kg）；

    D ——耗电量，单位为千瓦小时（kW·h）。

5.1.3 种子破碎率增值

    按 GB/T 5262—2008 中 10.4 规定测定 5.1.1.6 接取样品的种子破碎率，按式（2）计算种子破碎率增值，结果取 3 批（次）试验平均值。

$$P_b = P - P_u \quad\cdots\cdots\cdots\cdots\cdots\cdots\cdots\cdots\cdots\cdots\cdots\cdots\cdots\cdots\cdots\cdots\cdots (2)$$

    式中：

    P_b——种子破碎率增值，单位为百分率（%）；

    P ——样品的种子破碎率，单位为百分率（%）；

    P_u——试验用种子破碎率，单位为百分率（%）。

5.1.4 拌药合格率

    5.1.3 完成后，从每份分出破碎种子的完整种子样品中再称取样品 10 g 左右，用 5 倍放大镜观察每粒种子，分出药液包敷种子表面积大于 80% 的种子粒数和小于等于 80% 的种子粒数，按式（3）计算拌药合格率，结果取 3 批（次）试验平均值。

$$H = \frac{Z_d}{Z_d + Z_x} \times 100 \quad \cdots\cdots\cdots\cdots\cdots\cdots\cdots\cdots\cdots\cdots\cdots\cdots\cdots\cdots\cdots (3)$$

式中：

H——拌药合格率，单位为百分率（%）；

Z_d——药液包敷种子表面积大于80%的种子粒数，单位为粒；

Z_x——药液包敷种子表面积小于等于80%的种子粒数，单位为粒。

5.1.5 种子残留率

每批（次）试验结束时，待样机出料口停止排料后停机，收集残留在搅拌器或滚筒内的种子并称其质量，按式（4）计算，结果取3批（次）试验平均值。

$$C = \frac{W_c}{V_t \cdot r_1} \times 100 \quad \cdots\cdots\cdots\cdots\cdots\cdots\cdots\cdots\cdots\cdots\cdots\cdots\cdots\cdots (4)$$

式中：

C——种子残留率，单位为百分率（%）；

W_c——残留在搅拌器或滚筒内的种子质量，单位为克（g）；

V_t——搅拌器或滚筒容积，单位为升（L）；

r_1——试验种子容积质量，单位为克每升（g/L）。

5.1.6 轴承温升

分别在样机空运转前和第3批（次）试验排料结束时，测量主轴各轴承外壳温度，计算差值，取最大差值。

5.1.7 噪声

样机周围不应放置障碍物，且与墙壁的距离应大于2 m。将测试仪器置于水平位置，传声器面向噪声源，传声器距离地面高度为1.5 m，与样机表面距离为1 m（按基准体表面计），用慢档测量A计权声压级。测量点应不少于4点，通常位于样机四周测量表面矩形的中心线上。分别在每批（次）试验过程的中期测量1次，每测点共测量3次，取3次结果算术平均值，作为该点实测噪声值。当相邻测点实测噪声值相差大于5 dB（A）时，应在其间（在矩形边上）增加测点。

各测点的背景噪声在样机停止运转时测量。当某一测点上实测噪声值与背景噪声之差小于3 dB（A）时，测量结果无效；大于10 dB（A）时，则本底噪声的影响可忽略不计；小于或等于10 dB（A）而大于或等于3 dB（A）时，则按表4进行修正。计算各测点修正后噪声值的算术平均值，作为测量结果。

表4 噪声修正值

单位为分贝

实测噪声值与背景噪声差值 a	$a=3$	$3<a\leqslant5$	$5<a\leqslant8$	$8<a\leqslant10$	$a>10$
从实测噪声值中减去值	3	2	1	0.5	0

5.1.8 药液与种子量配比调节范围

上述试验结束后，测定连续式拌药机的药液与种子量配比调节范围。在生产率最小、药液排出量最大和生产率最大、药液排出量最小两种状态下，分别测定药液和种子的排出量，每种状态测定3次，每次不少于30 s。按式（5）计算药液与种子量配比调节范围最大值和最小值，结果取3次试验平均值。

$$r = \frac{Q_p}{G_p} \times 100 \quad \cdots\cdots\cdots\cdots\cdots\cdots\cdots\cdots\cdots\cdots\cdots\cdots\cdots\cdots (5)$$

式中：

r——药液与种子配比，单位为百分率（%）；

Q_p——药液排出量，单位为千克（kg）；

G_p——种子排出量，单位为千克（kg）。

5.2 安全要求

5.2.1 检查样机是否符合4.2的要求。

5.2.2 用绝缘电阻测量仪测量各电动机接线端子与机体间的绝缘电阻值。

5.3 装配质量

在试验过程中,观察样机是否符合4.3的要求。

5.4 外观质量

采用目测法检查样机是否符合4.4的要求。

5.5 漆膜附着力

在样机表面随机选3处,按照 JB/T 9832.2—1999 中5的规定进行检查。

5.6 操作方便性

通过实际操作,观察样机是否符合4.6的要求。

5.7 使用有效度

按 GB/T 5667 的规定进行使用有效度考核,考核时间应不少于120 h。使用有效度按式(6)计算。

$$K = \frac{\sum T_z}{\sum T_g + \sum T_z} \times 100 \quad\cdots\cdots\cdots\cdots\cdots\cdots\cdots\cdots\cdots\cdots\cdots\cdots\cdots (6)$$

式中:

K——使用有效度,单位为百分率(%);

T_z——生产考核期间每班次作业时间,单位为小时(h);

T_g——生产考核期间每班次故障时间,单位为小时(h)。

5.8 使用说明书

审查使用说明书是否符合4.8的要求。

5.9 三包凭证

审查三包凭证是否符合4.9的要求。

5.10 铭牌

检查铭牌是否符合4.10的要求。

6 检验规则

6.1 不合格项目分类

检验项目按其对产品质量影响的程度分为 A、B、C 3 类,见表5。

表5 检验项目分类表

项目分类	序号	项目名称	对应的质量要求的条款
A	1	安全要求	4.2
	2	噪声	4.1
	3	拌药合格率	4.1
	4	使用有效度	4.7
B	1	种子破碎率增值	4.1
	2	千瓦小时生产率	4.1
	3	药液与种子量配比调节范围	4.1
	4	种子残留率	4.1
	5	轴承温升	4.1
C	1	装配质量	4.3
	2	外观质量	4.4
	3	漆膜附着力	4.5
	4	操作方便性	4.6
	5	使用说明书	4.8
	6	三包凭证	4.9
	7	铭牌	4.10

6.2 抽样方案

抽样方案按照 GB/T 2828.11—2008 中表 B.1 制订,见表 6。

表 6　抽样方案

检验水平	O
声称质量水平(DQL)	1
核查总体(N)	10
样本量(n)	1
不合格品限定数(L)	0

6.3 抽样方法

在制造单位 6 个月内生产并自检合格的产品随机抽取样机 1 台,抽样基数为 10 台(市场或使用现场抽样不受此限)。

6.4 判定规则

6.4.1 样机合格判定

对样机的 A、B、C 类检验项目逐项进行考核和判定。当 A 类不合格项目数为 0(即 $A=0$)、B 类不合格项目数不超过 1(即 $B\leqslant1$)、C 类不合格项目数不超过 2(即 $C\leqslant2$),判定样机为合格品;否则,判定样机为不合格品。

6.4.2 综合判定

若样机为合格品(即样本的不合格品数不大于不合格品限定数),则判为通过;若样机为不合格品(即样本的不合格品数大于不合格品限定数),则判为不通过。

附 录 A

（规范性附录）

产 品 规 格 表

产品规格表见表 A.1。

表 A.1 产品规格表

序号	项目		单位	设计值
1	型号规格		—	
2	结构型式		—	
3	外形尺寸(长×宽×高)		mm	
4	结构质量		kg	
5	电机功率		kW	
6	喂入方式		—	
7	药筒容积		L	
8	滚筒或搅拌器轴转速		r/min	
9	滚筒或搅拌器容积		L	
10	雾化喷头压力		MPa	
11	液泵	型式	—	
		流量	L/min	
		扬程	m	

ICS 65.060.80
B 95

中华人民共和国农业行业标准

NY/T 926—2019
代替 NY/T 926—2004

天然橡胶初加工机械 撕粒机

Machinery for primary processing of natural rubber—Shredder

2019-12-27 发布   2020-04-01 实施

中华人民共和国农业农村部 发布

前　　言

本标准按照 GB/T 1.1—2009 给出的规则起草。

本标准代替 NY/T 926—2004《天然橡胶初加工机械　撕粒机》。与 NY/T 926—2004 相比,除编辑性修改外主要技术变化如下:

——增加了术语和定义,采用 NY/T 1036 界定的术语和定义,并增加了术语可用度(见 3);

——修订了型号规格和技术参数(见 4.2,2004 年版的 3.3);

——修订了空载噪声(见 5.1.5,2004 年版的 4.1.5);

——修订了加工质量(见 5.1.6,2004 年版的 4.1.6);

——增加了撕粒辊静平衡性要求(见 5.2.1.7);

——修订了喂料辊质量要求(见 5.2.2,2004 年版的 4.2.1.5);

——修订了定刀质量要求(见 5.2.3,2004 年版的 4.2.2);

——删除了链轮质量要求(2004 年版的 4.2.3);

——增加了电气装置要求(见 5.5);

——修订了安全防护要求(见 5.6,2004 年版的 4.5);

——增加了生产率、噪声、可用度和表面粗糙度等指标的试验方法(见 6.3)。

请注意本文件的某些内容可能涉及专利。本文件的发布机构不承担识别这些专利的责任。

本标准由中华人民共和国农业农村部提出。

本标准由农业农村部热带作物及制品标准化技术委员会归口。

本标准起草单位:中国热带农业科学院农业机械研究所。

本标准主要起草人:邓怡国、张园、覃双眉、王业勤、陈小艳。

本标准所代替标准的历次版本发布情况为:

——NY/T 926—2004。

天然橡胶初加工机械 撕粒机

1 范围

本标准规定了天然橡胶初加工机械撕粒机的术语和定义、型号规格和技术参数、技术要求、试验、检验规则、标志、包装、运输、储存等要求。

本标准适用于天然橡胶初加工机械撕粒机。

2 规范性引用文件

下列文件对于本文件的应用是必不可少的。凡是注日期的引用文件，仅注日期的版本适用于本文件。凡是不注日期的引用文件，其最新版本（包括所有的修改单）适用于本文件。

GB/T 699 优质碳素结构钢

GB/T 1184—1996 形状和位置公差未注公差值

GB/T 1348 球墨铸铁件

GB/T 1800.2 产品几何技术规范（GPS）极限与配合 第2部分：标准公差等级和孔、轴极限偏差表

GB/T 2828.1 计数抽样检验程序 第1部分：按接收质量限（AQL）检索的逐批检验抽样计划

GB/T 3768 声学 声压法测定噪声源声功率级和声能量级 采用反射面上方包络测量面的简易法

GB/T 5667—2008 农业机械 生产试验方法

GB/T 6414 铸件尺寸公差与机械加工余量

GB/T 8196 机械安全 防护装置 固定式和活动式防护装置设计与制造一般要求

GB/T 9239.1 机械振动 恒态（刚性）转子平衡品质要求 第1部分：规范与平衡允差的检验

GB/T 9439 灰铸铁件

GB 10396 农林拖拉机和机械、草坪和园艺动力机械 安全标志和危险图形 总则

GB/T 10610 产品几何技术规范（GPS）表面结构 轮廓法 评定表面结构的规则和方法

JB/T 9832.2 农林拖拉机及机具 漆膜 附着性能测定法 压切法

NY/T 409—2013 天然橡胶初加工机械通用技术条件

NY/T 1036 热带作物机械 术语

3 术语和定义

NY/T 1036 界定的以及下列术语和定义适用于本文件。

3.1

可用度（使用有效度） availability

在规定条件下，作业时间对作业时间与故障时间之和的比。

注：改写 GB/T 5667—2008，定义 2.12。

4 型号规格和技术参数

4.1 型号规格表示方法

型号规格的编制应符合 NY/T 409—2013 的要求，由机名代号和主要参数等组成，表示如下：

示例：

SL-350×700 表示撕粒机，其撕粒辊直径为 350 mm，撕粒辊工作长度为 700 mm。

4.2 技术参数

主要产品的技术参数见表1。

表 1 产品技术参数

项目		技术参数				
		SL-300×600	SL-350×700	SL-420×800	SL-508×800	SL-560×800
撕粒辊	工作长度,mm	600	700	800	800	800
	直径,mm	300	350	420	508	560
	花纹(宽×深),mm	10×10	10×10	10×10	10×10	10×10
	转速,r/min	1 400～1 500	1 100～1 500	1 100～1 500	1 000～1 400	1 000～1 400
喂料辊	工作长度,mm	600	700	800	800	800
	直径,mm	100～180	100～180	100～180	100～180	100～180
	转速,r/min	60～150	60～150	85～150	80～200	80～200
主电机功率,kW		37～45	45～75	75～132	132	160
喂料电机功率,kW		1.5～2.2	2.2～5.5	5.5～7.5	15	18.5
生产率(干胶),kg/h		≥1 000	≥2 200	≥3 000	≥8 000	≥10 000

5 技术要求

5.1 整机要求

5.1.1 应按经批准的图样和技术文件制造。

5.1.2 整机运行2 h以上,轴承温升空载时应不超过30℃,负载时应不超过40℃。

5.1.3 整机运行过程中,各密封部位不应有渗漏现象,紧固件无松动。

5.1.4 整机运行应平稳,不应有异常声响,调整机构应灵活可靠。

5.1.5 空载噪声应不大于88 dB(A)。

5.1.6 加工出的胶粒尺寸应不大于6 mm。

5.1.7 可用度应不小于95%。

5.2 主要零部件

5.2.1 撕粒辊

5.2.1.1 辊体材料的力学性能应不低于GB/T 1348中QT600-3或GB/T 699中40Mn的要求,两端轴的材料力学性能应不低于GB/T 699中45钢的要求。

5.2.1.2 辊体硬度应不低于200 HB。

5.2.1.3 铸件的尺寸公差应符合GB/T 6414的要求。

5.2.1.4 铸件加工面上不应有裂纹,直径和深度均不大于1 mm的气孔、砂眼应不超过5个,间距不少于40 mm。

5.2.1.5 轴颈尺寸偏差应符合GB/T 1800.2中j7的要求,表面粗糙度应为Ra3.2;其他轴颈配合应符合GB/T 1800.2中h7的要求。

5.2.1.6 d_1 与 d_2 的同轴度应符合GB/T 1184—1996表B.4中8级公差的要求,见图1。

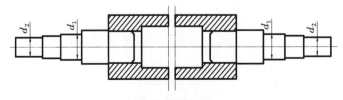

图 1 撕粒辊

5.2.1.7 撕粒辊应进行静平衡试验,并符合GB/T 9239.1的有关要求。

5.2.2 喂料辊

5.2.2.1 喂料辊的材料的力学性能应不低于 GB/T 699 中 45 钢或 40Mn 的要求,两端轴的材料力学性能应不低于 GB/T 699 中 45 钢的要求。

5.2.2.2 喂料辊的轴颈尺寸偏差应符合 GB/T 1800.2 中 j7 的要求,表面粗糙度应为 Ra3.2;其他轴颈配合应符合 GB/T 1800.2 中 h7 的要求。

5.2.3 定刀

5.2.3.1 定刀材料的力学性能应不低于 GB/T 9439 中 HT200 的要求。

5.2.3.2 定刀不应有砂眼、气孔、疏松等缺陷。

5.2.3.3 定刀硬度应为 150 HB～190 HB。

5.3 装配质量

5.3.1 装配质量应符合 NY/T 409—2013 中 5.7 的要求。

5.3.2 装配后撕粒辊的圆跳动应符合 GB/T 1184—1996 表 B.4 中 9 级的要求。

5.3.3 定刀与撕粒辊的间隙一致,全长范围间隙差应不大于 0.08 mm。

5.3.4 两 V 带轮轴线应相互平行,平行度应不大于两轮中心距的 1%;两带轮对应面的偏移量应不大于两轮中心距的 0.5%。

5.4 外观和涂漆

5.4.1 外观表面应平整,不应有明显的凹凸和损伤。

5.4.2 铸件表面不应有飞边、毛刺、浇口、冒口等。

5.4.3 焊接件外观表面不应有焊瘤、金属飞溅物等。焊缝表面应均匀,不应有裂纹。

5.4.4 漆层外观色泽应均匀、平整光滑;不应有露底、严重的流痕和麻点;明显的起泡起皱应不多于 3 处。

5.4.5 漆层的漆膜附着力应符合 JB/T 9832.2 中 2 级 3 处的要求。

5.5 电气装置

应符合 NY/T 409—2013 中 5.8 的要求。

5.6 安全防护

5.6.1 应有便于吊运和安装装置。

5.6.2 外露旋转零部件应设有防护装置,防护装置应符合 GB/T 8196 的要求。

5.6.3 在易发生危险的部位或可能危及人员安全的部位,应在明显处设有安全警示标志或涂有安全色,标志应符合 GB 10396 的要求。

5.6.4 设备运行时有可能发生移位、松脱或抛射的零部件,应有紧固或防松装置。

6 试验

6.1 空载试验

6.1.1 总装配检验合格后应进行空载试验。

6.1.2 机器连续运行应不少于 2 h。

6.1.3 试验项目、要求和方法见表 2。

表 2 空载试验项目、要求和方法

试验项目	要求	方法
运行情况	符合 5.1.3 和 5.1.4 的要求	感官
刀辊与定刀的间隙	符合 5.3.3 的要求	塞尺测定
电气装置	符合 5.5 的要求	感官、接地电阻测试仪测定
轴承温升	符合 5.1.2 的要求	测温仪测定
噪声	符合 5.1.5 的要求	按 6.3.2 的规定测定

6.2 负载试验

6.2.1 负载试验应在空载试验合格后进行。

6.2.2 试验时连续工作应不少于 2 h。

6.2.3 试验项目、要求和方法见表 3。

表 3 负载试验项目、要求和方法

试验项目	要求	方法
运行情况	符合 5.1.3 和 5.1.4 的要求	感官
电气装置	符合 5.5.3 的要求	感官、接地电阻测试仪
轴承温升	符合 5.1.2 的要求	测温仪测定
生产率	符合表 1 的要求	按 6.3.1 的规定测定
工作质量	符合 5.1.6 的要求	直尺测定

6.3 试验方法

6.3.1 生产率测定

在额定转速及满负载条件下，测定 3 个班次，每次不小于 2 h，取 3 次测定的算术平均值，结果精确到"1kg/h"。班次时间包括纯工作时间、工艺时间和故障时间。按式（1）计算。

$$E_b = \frac{\sum Q_b}{\sum T_b} \quad \cdots\cdots\cdots\cdots\cdots\cdots\cdots\cdots\cdots\cdots\cdots \quad (1)$$

式中：

E_b——班次小时生产率，单位为千克每小时（kg/h）；

Q_b——测定期间班次生产量，单位为千克（kg）；

T_b——测定期间班次时间，单位为小时（h）。

6.3.2 胶粒尺寸测定

正常生产条件下，随机抽取胶粒池中不小于 100 g 的胶粒，从中选取较大的 20 个分别测量其最大尺寸，计算其平均值。重复抽样 3 次测定，取 3 次测定的算术平均值。

6.3.3 噪声测定

应按 GB/T 3768 规定的方法测定。

6.3.4 可用度测定

在正常生产条件下考核不小于 200 h，按式（2）计算，以百分数表示。

$$K = \frac{\sum T_z}{\sum T_z + \sum T_g} \times 100 \quad \cdots\cdots\cdots\cdots\cdots\cdots\cdots\cdots \quad (2)$$

式中：

K——可用度，单位为百分号（%）；

T_z——生产考核期间班次作业时间，单位为小时（h）；

T_g——生产考核期间班次的故障时间，单位为小时（h）。

6.3.5 表面粗糙度测定

应按 GB/T 10610 规定的方法测定。

6.3.6 漆膜附着力测定

应按 JB/T 9832.2 规定的方法测定。

7 检验规则

7.1 出厂检验

7.1.1 出厂检验应实行全检，取得合格证后方可出厂。

7.1.2 出厂检验的项目及要求：

——装配应符合 5.3 的要求；

——外观和涂漆应符合 5.4 的要求；

——安全防护应符合 5.6 的要求；

——空载试验应符合 6.1 的要求。

7.1.3 用户有要求时，可进行负载试验，负载试验应符合 6.2 的要求。

7.2 型式检验

7.2.1 有下列情况之一时，应进行型式检验：

——新产品或老产品转厂生产；

——正式生产后，结构、材料、工艺等有较大改变，可能影响产品性能时；

——正常生产时，定期或周期性抽查检验；

——产品长期停产后恢复生产；

——出厂检验发现产品质量显著下降；

——质量监督机构提出型式检验要求。

7.2.2 型式检验应实行抽检。抽样按 GB/T 2828.1 规定的正常检查一次抽样方案。

7.2.3 样本应是 6 个月内生产的产品。抽样检查批量应不少于 3 台(件)，样本为 2 台(件)。

7.2.4 整机抽样地点在生产企业的成品库或销售部门，零部件在半成品库或装配线上已检验合格的零部件中抽取。

7.2.5 检验项目、不合格分类和判定规则见表 4。

表 4 型式检验项目、不合格分类和判定规则

不合格分类	检验项目	样本数	项目数	检查水平	样本大小字码	AQL	Ac	Re
A	生产率 工作质量 可用度[a] 安全防护		4			6.5	0	1
B	装配后撕粒辊圆跳动 噪声 撕粒辊硬度(刀齿)、定刀硬度 轴承温升 轴承位轴颈尺寸 轴颈表面粗糙度	2	6	S-I	A	25	1	2
C	定刀与撕粒辊的间隙 调整机构性能 整机外观 漆层外观 漆膜附着力 标志和技术文件		6			40	2	3

注：AQL 为合格质量水平，Ac 为合格判定数，Re 为不合格判定数。判定时，A、B、C 各类的不合格总数小于或等于 Ac 为合格，大于或等于 Re 为不合格。A、B、C 各类均合格时，判该批产品为合格品，否则为不合格品。

[a] 监督性检验可以不做可用度检查。

8 标志、包装、运输和储存

产品的标志、包装、运输和储存应按 NY/T 409—2013 中 8 的规定执行。

ICS 65.060.80
B 95

中华人民共和国农业行业标准

NY/T 927—2019
代替 NY/T 927—2004

天然橡胶初加工机械　碎胶机

Machinery for primary processing of natural rubber—Slab cutter

2019-12-27 发布

2020-04-01 实施

中华人民共和国农业农村部 发布

前　言

本标准按照 GB/T 1.1—2009 给出的规则起草。

本标准代替 NY/T 927—2004《天然橡胶初加工机械　碎胶机》。与 NY/T 927—2004 相比,除编辑性修改外主要技术变化如下:

——修订了术语和定义,将适用界定术语和定义的标准由 NY/T 409 修改为 NY/T 1036,删除了术语碎胶机,增加了术语可用度(见 3,2004 年版的 3);

——修订了产品型号规格表示方法,取消了系列号(见 4.1,2004 年版的 4.2);

——修订了产品型号规格和技术参数(见 4.2,2004 年版的 4.3);

——修订了加工质量(见 5.1.6,2004 年版的 5.1.7);

——修订了动刀和定刀要求(见 5.2.2,2004 年版的 5.2.2);

——增加了电气装置要求(见 5.5);

——修订了安全防护(见 5.6,2004 年版的 5.5);

——增加了生产率、噪声、可用度和表面粗糙度等指标的试验方法(见 6.3)。

请注意本文件的某些内容可能涉及专利。本文件的发布机构不承担识别这些专利的责任。

本标准由中华人民共和国农业农村部提出。

本标准由农业农村部热带作物及制品标准化技术委员会归口。

本标准起草单位:中国热带农业科学院农业机械研究所。

本标准主要起草人:邓干然、李玲、邓怡国、刘智强、陈小艳。

本标准所代替标准的历次版本发布情况为:

——NY/T 927—2004。

天然橡胶初加工机械　碎胶机

1　范围

本标准规定了天然橡胶初加工机械碎胶机的术语和定义，型号规格和技术参数，技术要求，试验，检验规则，标志、包装、运输和储存等要求。

本标准适用于天然橡胶初加工机械碎胶机。

2　规范性引用文件

下列文件对于本文件的应用是必不可少的。凡是注日期的引用文件，仅注日期的版本适用于本文件。凡是不注日期的引用文件，其最新版本（包括所有的修改单）适用于本文件。

GB/T 699　优质碳素结构钢

GB/T 1591　低合金高强度结构钢

GB/T 1800.2　产品几何技术规范（GPS）极限与配合　第 2 部分：标准公差等级和孔、轴极限偏差表

GB/T 2828.1　计数抽样检验程序　第 1 部分：按接收质量限（AQL）检索的逐批检验抽样计划

GB/T 3768　声学　声压法测定噪声源声功率级和声能量级　采用反射面上方包络测量面的简易法

GB/T 5667—2008　农业机械　生产试验方法

GB/T 8196　机械安全　防护装置　固定式和活动式防护装置设计与制造一般要求

GB 10396　农林拖拉机和机械、草坪和园艺动力机械　安全标志和危险图形　总则

GB/T 10610　产品几何技术规范（GPS）表面结构　轮廓法　评定表面结构的规则和方法

JB/T 9832.2　农林拖拉机及机具　漆膜　附着性能测定法　压切法

NY/T 409—2013　天然橡胶初加工机械通用技术条件

NY/T 1036　热带作物机械　术语

3　术语和定义

NY/T 1036 界定的以及下列术语和定义适用于本文件。

3.1

可用度（使用有效度）　availability

在规定条件下，作业时间对作业时间与故障时间之和的比。

注：改写 GB/T 5667—2008，定义 2.12。

4　型号规格和技术参数

4.1　型号规格表示方法

型号规格的编制应符合 NY/T 409—2013 的要求，由机名代号和主要参数等组成，表示如下：

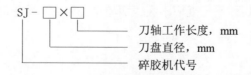

示例：

SJ-500×1 200 表示碎胶机，其刀盘直径为 500 mm，刀轴工作长度为 1 200 mm。

4.2　技术参数

主要产品的技术参数见表 1。

表 1 产品技术参数

项目	技术参数					
	SJ-300×560	SJ-470×860	SJ-500×860	SJ-500×1 200	SJ-600×1 200	SJ-700×1 200
刀盘直径,mm	300	470	500	500	600	700
刀轴工作长度,mm	560	860	860	1 200	1 200	1 200
刀轴转速,r/min	15～46	15～46	15～46	15～46	15～46	15～46
功率,kW	≤30	≤55	≤55	≤75	≤90	≤110
生产率(干胶),kg/h	≥1 000	≥2 000	≥2 000	≥4 000	≥8 000	≥10 000

5 技术要求

5.1 整机要求

5.1.1 应按经批准的图样和技术文件制造。

5.1.2 整机运行 2 h 以上,轴承温升空载时应不超过 30℃,负载时应不超过 35℃。

5.1.3 整机运行过程中,减速器等各密封部位不应有渗漏现象,减速器油温应不超过 60℃。

5.1.4 整机运行应平稳,不应有异常声响,调整机构应灵活可靠,紧固件无松动。

5.1.5 电机功率不大于 55 kW 时,空载噪声≤80 dB(A);电机功率大于 55 kW、小于等于 110 kW 时,空载噪声≤85 dB(A)。

5.1.6 加工出的胶块应符合生产工艺要求。

5.1.7 可用度应不小于 95%。

5.2 主要零部件

5.2.1 刀轴

5.2.1.1 刀轴材料的力学性能应不低于 GB/T 699 中 45 钢的要求,并应进行调质处理。

5.2.1.2 轴颈尺寸偏差应按 GB/T 1800.2 中 m6 的规定执行。

5.2.1.3 轴颈位表面粗糙度应为 Ra3.2。

5.2.2 动刀和定刀

5.2.2.1 动刀和定刀刃口材料的力学性能应不低于 GB/T 699 中 45 钢或 GB/T 1591 中 Q345 的要求。

5.2.2.2 动刀和定刀刃口硬度应为 40 HRC～50 HRC。

5.3 装配质量

5.3.1 装配质量应按 NY/T 409—2013 中 5.7 的规定执行。

5.3.2 装配后刀轴的轴向窜动应不大于 0.15 mm。

5.3.3 动刀与定刀的间隙应均匀,最大与最小间隙差应小于 1.5 mm。

5.3.4 两 V 带轮轴线应相互平行,平行度应不大于两轮中心距的 1%;两 V 带轮对应面的偏移量应不大于两轮中心距的 0.5%。

5.4 外观和涂漆

5.4.1 外观表面应平整,不应有图样未规定的凹凸和损伤。

5.4.2 铸件表面不应有飞边、毛刺、浇口、冒口等。

5.4.3 焊接件外观表面不应有焊瘤、金属飞溅物等缺陷。焊缝表面应均匀,不应有裂纹。

5.4.4 漆层外观色泽应均匀、平整光滑;不应有露底、严重的流痕和麻点;明显的起泡起皱应不多于 3 处。

5.4.5 漆层的漆膜附着力应符合 JB/T 9832.2 中 2 级 3 处的要求。

5.5 电气装置

应符合 NY/T 409—2013 中 5.8 的要求。

5.6 安全防护

5.6.1 应有便于吊运和安装装置。

5.6.2 外露转动部件应装固定式防护罩,防护罩应符合 GB/T 8196 的要求。

5.6.3 在易发生危险或可能危及人员安全的部位,应在明显处设有安全警示标志或涂有安全色,标志应符合 GB 10396 的要求。

5.6.4 设备运行时有可能发生移位、松脱或抛射的零部件,应有紧固或防松装置。

5.6.5 设备可触及的零部件不应有锐边、尖角和粗糙的表面。

6 试验

6.1 空载试验

6.1.1 总装配检验合格后应进行空载试验。

6.1.2 机器连续运行应不少于 2 h。

6.1.3 试验项目、要求和方法见表 2。

表 2 空载试验项目、要求和方法

试验项目	要求	方法
运行情况	符合 5.1.3 和 5.1.4 的要求	感官
动刀与定刀的间隙	符合 5.3.3 的要求	塞尺测定
电气装置	符合 5.5 的要求	感官、接地电阻测试仪测定
轴承温升	符合 5.1.2 的要求	测温仪测试测定
噪声	符合 5.1.5 的要求	按 6.3.2 的规定测定

6.2 负载试验

6.2.1 负载试验应在空载试验合格后进行。

6.2.2 试验时连续工作应不少于 2 h。

6.2.3 试验项目、要求和方法见表 3。

表 3 负载试验项目、要求和方法

试验项目	要求	方法
运行情况	符合 5.1.3 和 5.1.4 的要求	感官
电气装置	符合 5.5 的要求	感官、接地电阻测试仪测定
轴承温升和减速器油温	符合 5.1.2 的要求	测温仪测试测定
生产率	符合表 1 的要求	按 6.3.1 的规定测定

6.3 试验方法

6.3.1 生产率测定

在额定转速及满负载条件下,测定 3 个班次,每次不小于 2 h,取 3 次测定的算术平均值,结果精确到"1kg/h"。班次时间包括纯工作时间、工艺时间和故障时间。按式(1)计算。

$$E_b = \frac{\sum Q_b}{\sum T_b} \quad \cdots\cdots\cdots\cdots\cdots\cdots\cdots\cdots\cdots\cdots\cdots\cdots\cdots\cdots\cdots\cdots\cdots\cdots\cdots\cdots (1)$$

式中：

E_b——班次小时生产率，单位为千克每小时（kg/h）；

Q_b——测定期间班次生产量，单位为千克（kg）；

T_b——测定期间班次时间，单位为小时（h）。

6.3.2 噪声测定

应按 GB/T 3768 规定的方法测定。

6.3.3 可用度测定

在正常生产条件下考核不小于 200 h，按式（2）计算。

$$K = \frac{\sum T_z}{\sum T_z + \sum T_g} \times 100 \quad \cdots\cdots\cdots\cdots\cdots\cdots\cdots\cdots\cdots\cdots\cdots\cdots\cdots\cdots (2)$$

式中：

K ——可用度，单位为百分号（%）；

T_z——生产考核期间班次作业时间，单位为小时（h）；

T_g——生产考核期间班次的故障时间，单位为小时（h）。

6.3.4 表面粗糙度测定

应按 GB/T 10610 规定的方法测定。

6.3.5 漆膜附着力测定

应按 JB/T 9832.2 规定的方法测定。

7 检验规则

7.1 出厂检验

7.1.1 出厂检验应实行全检，取得合格证后方可出厂。

7.1.2 出厂检验的项目及要求：

  ——装配应符合 5.3 的要求；

  ——外观和涂漆应符合 5.4 的要求；

  ——安全防护应符合 5.6 的要求；

  ——空载试验应符合 6.1 的要求。

7.1.3 用户有要求时，应进行负载试验，负载试验应符合 6.2 的要求。

7.2 型式检验

7.2.1 有下列情况之一时，应进行型式检验：

  ——新产品或老产品转厂生产；

  ——正式生产后，结构、材料、工艺等有较大改变，可能影响产品性能时；

  ——正常生产时，定期或周期性抽查检验；

  ——产品长期停产后恢复生产；

  ——出厂检验发现产品质量显著下降；

  ——质量监督机构提出型式检验要求。

7.2.2 型式检验应实行抽检。抽样按 GB/T 2828.1 规定的正常检查一次抽样方案执行。

7.2.3 样本应是 6 个月内生产的产品。抽样检查批量应不少于 3 台（件），样本为 2 台（件）。

7.2.4 整机抽样地点在生产企业的成品库或销售部门；零部件在半成品库或装配线上已检验合格的零部件中抽取。

7.2.5 检验项目、不合格分类和判定规则见表 4。

表 4 型式检验项目、不合格分类和判定规则

不合格分类	检验项目	样本数	项目数	检查水平	样本大小字码	AQL	Ac	Re
A	生产率		3			6.5	0	1
	可用度[a]							
	安全防护							
B	噪声		5			25	1	2
	动刀和定刀硬度							
	轴承温升和减速器油温	2		S-Ⅰ	A			
	轴承位轴颈尺寸							
	轴颈表面粗糙度							
C	V带轮的偏移量		6			40	2	3
	定刀与动刀的间隙							
	整机外观							
	漆层外观							
	漆膜附着力							
	标志和技术文件							
注:AQL为合格质量水平,Ac为合格判定数,Re为不合格判定数。判定时,A、B、C各类的不合格总数小于或等于Ac为合格,大于或等于Re为不合格。A、B、C各类均合格时,判该批产品为合格品,否则为不合格品。								
[a] 监督性检验可以不做可用度检查。								

8 标志、包装、运输和储存

产品的标志、包装、运输和储存应按 NY/T 409—2013 中 8 的规定执行。

———————————

ICS 65.060.20
B 91

中华人民共和国农业行业标准

NY/T 985—2019
代替 NY/T 985—2006

根茬粉碎还田机 作业质量

Operating quality for smashed root stubble machine

2019-08-01 发布

2019-11-01 实施

中华人民共和国农业农村部 发布

前　言

本标准按照 GB/T 1.1—2009 给出的规则起草。

本标准代替 NY/T 985—2006《根茬粉碎还田机　作业质量》。与 NY/T 985—2006 相比,除编辑性修改外主要技术变化如下:

——规范了英文名称;

——修改了适用范围;

——修改了规范性引用文件;

——修改了术语和定义中部分内容;

——修改了作业条件;

——删除了碎土率、根茬覆盖率检测项目;

——规范了检测方法;

——修改了作业质量考核项目表。

本标准由农业农村部农业机械化管理司提出。

本标准由全国农业机械标准化技术委员会农业机械化分技术委员会(SAC/TC 201/SC 2)归口。

本标准起草单位:吉林省农业机械化管理中心、辽宁省农机质量监督管理站、四平农丰乐农业装备有限公司。

本标准主要起草人:李龙春、李东来、祝添禄、许文涛、薛宁、张继佳、秦永辉、刘绍武。

本标准所代替标准的历次版本发布情况为:

——NY/T 985—2006。

根茬粉碎还田机　作业质量

1 范围

本标准规定了根茬粉碎还田机作业的质量要求、检测方法和检验规则。

本标准适用于根茬粉碎还田机作业的质量评定。

2 规范性引用文件

下列文件对于本文件的应用是必不可少的。凡是注日期的引用文件,仅注日期的版本适用于本文件。凡是不注日期的引用文件,其最新版本(包括所有的修改单)适用于本文件。

GB/T 5262—2008　农业机械试验条件　测定方法的一般规定

GB/T 24675.5—2009　保护性耕作机械　根茬粉碎还田机

3 术语和定义

下列术语和定义适用于本文件。

3.1

灭茬深度　smashed stubble depth

根茬粉碎还田机作业后,耕作底面与作业前地表面的垂直距离。

3.2

根茬粉碎率　smashed root stubble rate

作物根茬在根茬粉碎还田机作用下的粉碎程度。

4 作业质量要求

4.1　作业条件:根茬粉碎还田机以额定生产率在平作地或垄作地作业,坡度不大于5°,土壤绝对含水率不大于25%,根茬平均高度不大于30 cm,根茬含水率不大于25%。也可根据农艺要求,由服务双方协商确定。

4.2　在4.1规定的作业条件下,根茬粉碎还田机作业质量指标应符合表1的规定。

表1　作业质量指标

序号	检测项目名称	质量指标要求	检测方法对应的条款号
1	灭茬深度,cm	≥7	5.4.1
2	灭茬深度稳定性	≥85%	5.4.1
3	根茬粉碎率	≥90%	5.4.2

5 检测方法

5.1 检测前准备和检测时机确定

5.1.1　检测用仪器、设备需检查校正,计量器具应在规定的有效检定周期内。

5.1.2　一般应在作业地块现场正常作业或作业完成后立即进行。

5.2 测区和测点的确定

5.2.1　试验地长度不少于50 m,预备区和停车区不少于10 m,宽度不少于根茬粉碎还田机工作幅宽的6倍。在田间作业范围内,沿地块长宽方向的中点连十字线,将地块分为4块,随机选取对角的2块作为2个测区,所选取的地块都作为独立的测区,分别检测。

5.2.2　每个测区的测点按照GB/T 5262—2008规定的五点法进行。

5.3 作业条件测定

5.3.1 坡度按照 GB/T 5262—2008 中 6.3 的规定进行测定。

5.3.2 土壤绝对含水率按照 GB/T 5262—2008 中 7.2.1 的规定进行测定。

5.3.3 根茬高度按照 GB/T 24675.5—2009 中 7.1.2.5 的规定进行测定。

5.3.4 根茬含水率按照 GB/T 24675.5—2009 中 7.1.2.6 的规定进行测定。

5.4 作业质量检测

5.4.1 灭茬深度、灭茬深度稳定性

测定时沿机组前进方向在 2 个测区内，各测定 1 个作业行程，每隔 2 m 测定 1 点，每行程左、右各测 10 点。垄作时，以垄顶线为基准。按式(1)计算灭茬深度平均值。

$$a = \frac{\sum_{i=1}^{n} a_i}{n} \quad \cdots\cdots (1)$$

式中：

a ——灭茬深度平均值，单位为厘米(cm)；

a_i ——测点灭茬深度值，单位为厘米(cm)；

n ——测定点数。

按式(2)～式(4)计算灭茬深度标准差、灭茬深度变异系数和灭茬深度稳定性。

$$s = \sqrt{\frac{\sum_{i=1}^{n}(a_i - a)^2}{n-1}} \quad \cdots\cdots (2)$$

$$v = \frac{s}{a} \times 100 \quad \cdots\cdots (3)$$

$$u = 1 - v \quad \cdots\cdots (4)$$

式中：

s ——灭茬深度标准差，单位为厘米(cm)；

v ——灭茬深度变异系数，单位为百分率(%)；

u ——灭茬深度稳定性，单位为百分率(%)。

5.4.2 根茬粉碎率

在每个测区内，按照五点法，每个测点选取一个工作幅宽乘 1 m 的面积，测定地表和灭茬深度范围内所有根茬，测定总的根茬质量和其中合格根茬的质量(合格根茬长度不大于 50 mm，不包括须根长度)，按式(5)计算根茬粉碎率。

$$F_g = \frac{\sum \frac{M_h}{M_z}}{5} \times 100 \quad \cdots\cdots (5)$$

式中：

F_g ——根茬粉碎率，单位为百分率(%)；

M_h ——合格根茬的质量，单位为克(g)；

M_Z ——总的根茬质量，单位为克(g)。

6 检验规则

6.1 作业质量考核项目

作业质量考核项目见表 2。

表 2   作业质量考核项目

序号	项目名称
1	灭茬深度
2	灭茬深度稳定性
3	根茬粉碎率

6.2   判定规则

对确定的检测项目进行逐项考核。所有项目全部合格,则判定根茬粉碎还田机作业质量为合格;否则,为不合格。

ICS 65.060.99
B 91

中华人民共和国农业行业标准

NY/T 1227—2019
代替 NY/T 1227—2006

残地膜回收机　作业质量

Retrieving machines for residual film—Operating quality

2019-08-01 发布

2019-11-01 实施

中华人民共和国农业农村部 发 布

前　言

本标准按照 GB/T 1.1—2009 给出的规则起草。

本标准代替 NY/T 1227—2006《残地膜回收机　作业质量》。与 NY/T 1227—2006 相比,除编辑性修改外主要技术变化如下:

——修改了适用范围;

——修改了规范性引用文件;

——修改了残地膜的英文名称;

——修改了作业质量指标;

——修改了作业条件;

——删除了面积法的测定;

——增加了缠膜率的测定;

——修改了检验规则。

本标准由农业农村部农业机械化管理司提出。

本标准由全国农业机械标准化技术委员会农业机械化分技术委员会(SAC/TC 201/SC 2)归口。

本标准起草单位:甘肃省农业机械化技术推广总站、新疆维吾尔自治区农牧机械产品质量管理站、宁夏固原市原州区农业机械化推广服务中心。

本标准主要起草人:石林雄、白利杰、袁明华、李淑玲、郑晓莉、高燕、申学智。

本标准所代替标准的历次版本发布情况为:

——NY/T 1227—2006。

残地膜回收机 作业质量

1 范围

本标准规定了残地膜回收机术语和定义、作业质量要求、检测方法和检验规则。

本标准适用于残地膜回收机作业质量的评定,具有回收残地膜功能的联合作业机具可参照执行。

2 规范性引用文件

下列文件对于本文件的应用是必不可少的。凡是注日期的引用文件,仅注日期的版本适用于本文件。凡是不注日期的引用文件,其最新版本(包括所有的修改单)适用于本文件。

GB/T 13735 聚乙烯吹塑农用地面覆盖薄膜

GB/T 25412 残地膜回收机

3 术语和定义

下列术语和定义适用于本文件。

3.1

残地膜 residual film

农艺要求需要清除的存留于地表及土壤中的地膜。

3.2

伤苗 hurt seedling

作业后有明显伤根、主茎折断或 20% 的叶子脱落的苗株。

3.3

表层拾净率 net collected rate of the surface layer

地表及土层深度 0 mm～100 mm 内残地膜的拾净率。

3.4

深层拾净率 net collected rate of the dew layer

土层深度 100 mm～150 mm 内残地膜的拾净率。

3.5

苗期拾净率 net collected rate of seedling state

苗期作业中当年残地膜的拾净率。

4 作业质量要求

在铺覆地膜厚度不小于 0.010 mm 的条件下,所选用地膜、土质以及地块大小在当地具有一定代表性时,其作业质量应符合表 1 的规定。

表 1 作业质量指标

序号	项 目	质量指标	检测方法对应的条款号	作业方式
1	表层拾净率	≥80%	5.4	耕前及播前残地膜回收作业
2	深层拾净率	≥70%	5.4	耕前及播前残地膜回收作业
3	苗期拾净率	≥85%	5.4.2	苗期残地膜回收作业
4	伤苗率	≤2%	5.6	苗期残地膜回收作业
5	缠膜率	≤2%	5.5	—
注:残地膜回收机具有捡拾土层深度 100 mm～150 mm 残地膜功能时,对深层拾净率进行检测和评定。				

5　检测方法

5.1　作业条件

5.1.1　选择技术参数符合 GB/T 25412 要求的残地膜回收机,并按机具使用说明书规定配套技术状态良好的拖拉机。

5.1.2　铺覆地膜厚度根据 GB/T 13735 的规定检验。

5.1.3　残地膜回收作业的试验地作物残茬不高于 12 cm。播前残地膜回收作业的试验地整地深度不小于 15 cm,碎土率不小于 75%。

5.1.4　试验人员应具备熟练的操作技能,试验过程中不能更换配套动力及驾驶人员。

5.2　测区和测点位置确定

5.2.1　在田间作业范围内,沿地块长宽方向的中点连十字线,将地块分为 4 块,随机选取对角的 2 块作为检测样本。当同一块地由多台不同型号的机具作业时,把每台机械作业的边界当作地边线,按上述方法取样。

5.2.2　测点采用五点法选取,从测区 4 个地角沿对角线,在 1/4 与 1/8 对角线长度范围内随机确定 4 个测点的位置,再加上该对角线的中点,作为作业前的 5 个测点。然后,在作业前的 5 个测点附近但不重叠的区域再选取 5 个测点,作为作业后的 5 个测点。

5.3　测点大小的确定

测点长度为 5 m、宽度为一个地膜幅宽(苗期和耕前作业方式时,需选在作业幅上或作业行上)。

5.4　拾净率测定

5.4.1　耕前及播前残地膜拾净率测定

分别将 2 个测区内作业前、后的各 5 个测点,按地表及土层深度 0 mm～100 mm、土层深度 100 mm～150 mm 2 个层面分别拣出残地膜。将各测点按层取出的残地膜去除尘土和水分后称其质量。按式(1)分别计算该测区表层拾净率和深层拾净率。

$$c = (1 - \frac{w}{w_o}) \times 100 \quad\cdots\cdots\cdots\cdots\cdots\cdots\cdots\cdots\cdots\cdots\cdots\cdots\cdots\cdots \quad (1)$$

式中:

c ——拾净率,单位为百分率(%);

w ——作业后的表层或深层残地膜质量,单位为克(g);

w_o ——作业前的表层或深层残地膜质量,单位为克(g)。

5.4.2　苗期拾净率测定

苗期作业时,分别将 2 个测区内作业前、后各 5 个测点的当年残地膜取出,按式(1)进行计算。

5.5　缠膜率的测定

分别测定 2 个行程,将通过测定区时在集膜箱内残地膜与机器上缠绕的地膜收集,分别洗净后称其质量,按式(2)计算回收机缠膜率。

$$Y = \frac{h_1}{h_1 + h_2} \times 100 \quad\cdots\cdots\cdots\cdots\cdots\cdots\cdots\cdots\cdots\cdots\cdots\cdots\cdots\cdots \quad (2)$$

式中:

Y ——缠膜率,单位为百分率(%);

h_1 ——测区内缠绕在机器上地膜的质量,单位为克(g);

h_2 ——测区内集膜箱内残地膜的质量,单位为克(g)。

5.6　伤苗率测定

分别测定作业后测区各测点内总株数及残地膜回收作业造成的伤苗株数,按式(3)计算每个测点的伤苗率,然后求出 5 个测点伤苗率的平均值,作为该测区的伤苗率。

$$z = \frac{Y}{Y_o} \times 100 \quad \cdots\cdots\cdots\cdots\cdots\cdots\cdots\cdots\cdots\cdots\cdots\cdots\cdots\cdots (3)$$

式中：

z ——伤苗率，单位为百分率（%）；

Y ——伤苗株数之和，单位为株；

Y_o ——苗株总数之和，单位为株。

6 检验规则

6.1 作业质量考核项目

作业质量考核项目见表2。

表2 作业质量考核项目表

序号	项目名称	耕前或播前残地膜回收作业	苗期残地膜回收作业
1	表层拾净率	√	—
2	苗期拾净率	—	√
3	缠膜率	√	√
4	伤苗率	—	√
5	深层拾净率	√	—

6.2 评定规则

对确定的检测项目进行逐项考核。所有项目全部合格，则判定残地膜回收机作业质量为合格，否则为不合格。

ICS 65.060.10
T 60

中华人民共和国农业行业标准

NY/T 1629—2019
代替 NY 1629—2008

拖拉机排气烟度限值

Limits for exhaust smoke from tractor

2019-08-01 发布

2019-11-01 实施

中华人民共和国农业农村部 发布

前　言

本标准按照 GB/T 1.1—2009 给出的规则起草。

本标准代替 NY 1629—2008《拖拉机排气烟度限值》。与 NY 1629—2008 相比,除编辑性修改外主要技术变化如下:

——修改了规范性引用文件(见 2,2008 版 2);

——修改了试验条件(见 3.1 和 3.2,2008 版 3.1);

——修改了排气烟度限值(见 5 和表 1,2008 版 5、表 1)。

本标准由农业农村部农业机械化管理司提出。

本标准由全国农业机械标准化技术委员会农业机械化分技术委员会(SAC/TC 201/SC 2)归口。

本标准起草单位:农业农村部农业机械试验鉴定总站、江苏悦达智能农业装备有限公司、江苏省农业机械试验鉴定站、山东省农业机械科学研究院。

本标准主要起草人:王庆厚、彭鹏、白学峰、廖汉平、王永建、张晓亮、仵建涛、赵泽明、桑春晓、耿占斌。

本标准所代替标准的历次版本发布情况为:

——NY 1629—2008。

拖拉机排气烟度限值

1 范围

本标准规定了拖拉机稳态排气烟度的测量方法、判定方法和烟度限值。

本标准适用于以柴油机为动力的轮式、履带和手扶拖拉机,用于拖拉机及其他非固定作业农业机械的柴油机可参照执行。

2 规范性引用文件

下列文件对于本文件的应用是必不可少的。凡是注日期的引用文件,仅注日期的版本适用于本文件。凡是不注日期的引用文件,其最新版本(包括所有的修改单)适用于本文件。

GB/T 3871.13—2006 农业拖拉机 试验规程 第13部分:排气烟度测量

GB/T 8170 数值修约规则与极限数值的表示和判定

GB 19147 车用柴油

3 测量方法

3.1 试验条件应符合 GB/T 3871.13—2006 中4.2的规定,试验用燃油应符合 GB 19147 的规定。

3.2 试验室大气因子应在 0.96～1.06 范围内。自然吸气和机械增压柴油机的试验室大气因子按式(1)计算,带或不带中冷的涡轮增压柴油机的试验室大气因子按式(2)计算。

$$f_a = \left(\frac{99}{P_s}\right) \times \left(\frac{T_a}{298}\right)^{0.7} \quad \cdots\cdots\cdots\cdots\cdots\cdots\cdots\cdots\cdots\cdots\cdots\cdots \quad (1)$$

$$f_a = \left(\frac{99}{P_s}\right)^{0.7} \times \left(\frac{T_a}{298}\right)^{1.5} \quad \cdots\cdots\cdots\cdots\cdots\cdots\cdots\cdots\cdots\cdots\cdots\cdots \quad (2)$$

式中:

f_a——试验室大气因子;

P_s——试验室干空气压,单位为千帕(kPa);

T_a——柴油机进气的绝对温度,单位为开尔文(K)。

3.3 测量的试验设备、试验程序应符合 GB/T 3871.13—2006 的规定。

4 判定方法

拖拉机排气烟度值测量结果的判定按 GB/T 8170 中的修约值比较法进行。

5 烟度限值

5.1 发动机额定净功率小于 19 kW 的拖拉机,稳态排气烟度光吸收系数不大于 2.00 m⁻¹。

5.2 发动机额定净功率不小于 19 kW 且小于 37 kW 的拖拉机,稳态排气烟度光吸收系数不大于 1.00 m⁻¹。

5.3 发动机额定净功率不小于 37 kW 的拖拉机,稳态排气烟度光吸收系数不大于表1规定的限值;若测量点的名义流量未在表1中列出,则该点的稳态排气烟度限值用比例插值法求出。

表 1　拖拉机排气烟度限值

名义流量(q) L/s	光吸收系数(k) m^{-1}
＜62	0.80
65	0.75
70	0.67
75	0.61
80	0.56
85	0.52
90	0.48
95	0.44
100	0.41
105	0.39
110	0.36
115	0.34
120	0.32
125	0.30
130	0.29
135	0.27
140	0.26
≥145	0.25

ICS 65.060.01
B 90

中华人民共和国农业行业标准

NY/T 1766—2019

代替 NY/T 1766—2009

农业机械化统计基础指标

Fundamental criteria for statistics of agricultural mechanization

2019-08-01 发布

2019-11-01 实施

中华人民共和国农业农村部 发布

前　言

本标准按照 GB/T 1.1—2009 给出的规则起草。

本标准代替 NY/T 1766—2009《农业机械化统计基础指标》。与 NY/T 1766—2009 相比，除编辑性修改外主要技术变化如下：

——修改了本标准的范围(见 1,2009 年版的 1)；

——动力机械增加"农业机械总动力""农用内燃机"，完善了"拖拉机"定义(见 3.1.1.1,2009 年版的 3.1.1、3.1.2)；

——将"秸秆粉碎还田机"调整到"收获机械"类(见 3.1.5.4,2009 年版的 3.1.3.6.4)；

——完善了"农用运输机械"定义(见 3.1.8,2009 年版的 3.1.8)；

——删除了"农业机械拥有量"中除"拖拉机"外的其他所有农业机械品目定义(见 2009 年版的 3.1)；

——将原标准中所有农业机械作业量相关指标增删整合，整体划归"农机作业总体情况""农机作业面积指标""农机作业量指标"(见 3.2,2009 年版的 3.2)；

——增加了"机械化率"(见 3.2.4)；

——将"农业机械化服务组织及人员"优化整合为"农机服务组织及人员"，完善部分指标定义(见 3.4,2009 年版的 3.8)；

——将"农业机械化投入情况""农业机械化经营效益""农业机械化培训、维修、推广鉴定情况"优化整合为"农机化管理服务与经营效益"，完善部分指标定义(见 3.5,2009 年版的 3.3、3.4、3.5)；

——增加了"燃油成本费用"(见 3.5.4.2)；

——"农业机械安全监理"修订为"农机安全监理"(见 3.6,2009 年版的 3.6)。

本标准由农业农村部农业机械化管理司提出。

本标准由全国农业机械标准化技术委员会农业机械化分技术委员会(SAC/TC 201/SC 2)归口。

本标准起草单位：农业农村部农业机械试验鉴定总站、农业农村部农业机械化管理司、中国农业大学、山西省农机局、山东省农业机械管理局。

本标准主要起草人：李宏、仵建涛、滕雪飞、杨茜、林立、杨敏丽、孙筱、李增宏、杨艳、郑莉、郑纪超。

本标准所代替标准的历次版本发布情况为：

——NY/T 1766—2009。

农业机械化统计基础指标

1 范围

本标准规定了农业机械化统计的基础指标。

本标准适用于农业机械化统计工作。

注：本标准对发布后新出现的农业机械化统计指标，不具有排他性。

2 术语和定义

下列术语和定义适用于本文件。

2.1

农业机械 agricultural machinery

用于农业(包括种植业、畜牧养殖、水产养殖、林果业等)生产及其产品初加工等相关农事活动的机械、设备。

2.2

农业机械拥有量 agricultural machinery holding

从事农业生产的单位和农户及为其提供农机作业服务的单位、组织和个人实际拥有的农业机械数量。包括在用、封存、待修、在修、租出、借出的机械，不包括借入、租入等不具有所有权的机械。

2.3

农业机械事故 agricultural machinery accident

农业机械在作业、转移和停放时，因过错或意外造成的人身伤亡或者财产损失的事故。

3 统计指标

3.1 农业机械拥有量

3.1.1 动力机械

3.1.1.1 农业机械总动力:指全部农业机械动力的额定功率之和。按使用能源不同分为柴油机、汽油机、电动机和其他机械动力。

3.1.1.2 拖拉机:用于牵引、推动、携带或驱动配套机具进行作业的自走式动力机械。其中发动机额定功率不大于 22.1 kW 的拖拉机为小型拖拉机;功率 22.1 kW～73.5 kW 的拖拉机为中型拖拉机;功率不小于 73.5 kW、但小于 147.0 kW 的拖拉机为大型拖拉机;功率不小于 147.0 kW 的拖拉机为重型拖拉机。

3.1.1.3 农用内燃机:通过燃料内部燃烧，并将其放出的热能直接转换为农业生产动力的热力发动机。根据燃料种类，主要分为柴油机和汽油机。

3.1.1.4 其他动力机械。

3.1.2 耕整地机械

3.1.2.1 耕地机械:指对耕作层土壤进行加工的农业机械，主要包括铧式犁、圆盘犁、旋耕机、深松机、开沟机、耕整机、微耕机、机滚船、驱动耙、机耕船等。

3.1.2.2 整地机械:指对耕作层土壤进行整理的农业机械，主要包括机引耙、钉齿耙、圆盘耙、起垄机、镇压器、灭茬机、埋茬起浆机、筑埂机和联合整地机等。

3.1.3 种植施肥机械

3.1.3.1 播种机械:指以拖拉机为动力(或自带动力)，进行播种作业的机械，主要包括条播机、穴播机、精量播种机、小粒种子播种机、根茎作物播种机、深松施肥播种机、免耕播种机、铺膜播种机、整地施肥播种机和水稻直播机等。

3.1.3.2 育苗机械设备:指专业育苗的机械,主要包括种子播前处理设备、营养钵压制机、秧田播种机、秧盘播种成套设备、起苗机、秧苗嫁接机等。

3.1.3.3 栽植机械:指用于栽植农作物秧苗的机械,主要包括水稻插秧机、秧苗移栽机、甘蔗种植机、木薯种植机和植树机(林果业)等。

3.1.3.4 施肥机械:指由拖拉机及自走式机械带动,进行施肥作业的机械,主要包括施肥机、撒肥机和追肥机等。

3.1.4 田间管理机械

3.1.4.1 中耕机械:指进行中耕作业的机械,主要包括中耕机、培土机、除草机、埋藤机、田园管理机等。

3.1.4.2 植保机械:指进行植保作业的机械,主要包括手动喷雾器、电动喷雾器、背负式喷雾喷粉机、动力喷雾机、喷杆喷雾机、风送喷雾机、烟雾机、杀虫灯等。

3.1.4.3 修剪机械:指进行修剪作业的机械,主要包括茶树修剪机、果树修剪机、割灌(草)机、枝条切碎机、果树嫁接机和玉米去雄机等。

3.1.5 收获机械

3.1.5.1 谷物收获机械:指用于稻谷、小麦、玉米等谷物收获作业的机械,能一次完成谷物收获的切割(摘穗)、脱粒、分离、清选等其中多项工序的机械为联合收获机。主要包括割晒机、割捆机、自走轮式谷物联合收割机、自走履带式谷物联合收割机(全喂入)、悬挂式谷物联合收割机、半喂入谷物联合收割机、悬挂式玉米收获机、自走式玉米收获机、自走式玉米籽粒联合收获机、穗茎兼收玉米收获机和玉米收获专用割台等。

3.1.5.2 根茎作物收获机械:指用于根茎作物收获作业的机械,主要包括薯类收获机、甜菜收获机、大蒜收获机、大葱收获机、萝卜收获机、甘蔗收获机、甘蔗割铺机、甘蔗剥叶机、花生收获机、药材收获机和挖(起)藕机等。

3.1.5.3 饲料作物收获机械:指用于饲料作物收获作业的机械,主要包括割草机、翻晒机、搂草机、压扁机、牧草收获机、打(压)捆机、圆草捆包膜机和青饲料收获机等。

3.1.5.4 茎秆收集处理机械:指用于茎秆收集处理作业的机械,主要包括秸秆粉碎还田机、高秆作物割晒机、茎秆收割机和平茬机等。

3.1.5.5 其他类收获机械:主要包括棉麻作物收获机械(如棉花收获机、麻类作物收获机)、果实收获机械(如葡萄、番茄、辣椒收获机及果实捡拾机)、蔬菜收获机械(如豆类、茎叶类和果类蔬菜收获机)、花卉(茶叶)采收机械(如采茶机、花卉采收机、啤酒花收获机)和籽粒作物收获机械(如油菜籽、葵花籽和草籽收获机)等。

3.1.6 收获后处理机械

3.1.6.1 脱粒机械:指由动力机械驱动专门进行农作物脱粒的作业机械,主要包括稻麦脱粒机、玉米脱粒机、花生摘果机、籽瓜取籽机等。

3.1.6.2 清选机械:指用于清选作业的机械,主要包括风筛清选机、重力清选机、窝眼清选机和复式清选机等。

3.1.6.3 干燥机械:指用于干燥作业的机械,主要包括谷物烘干机、种子烘干机、籽棉(皮棉)烘干机、果蔬烘干机、药材烘干机和油菜籽烘干机等。

3.1.6.4 种子加工机械:指用于农作物种子脱芒(绒)、分级、包衣、丸粒化处理的设备,主要包括脱芒(绒)机、种子分级机、种子包衣机、种子加工机组、种子丸粒化处理机及棉籽脱绒成套设备等。

3.1.6.5 其他收获后处理机械,如保鲜储藏设备。

3.1.7 农产品初加工机械

3.1.7.1 碾米机械:指用于谷物尤其是稻米的碾、砻和分离等初加工作业的机械,主要包括碾米机、砻谷机、谷糙分离机、组合米机和碾米加工成套设备等。

3.1.7.2 磨粉(浆)机械:指用于面粉、淀粉碾磨作业的机械,主要包括磨粉机、面粉加工成套设备、磨浆机、淀粉加工成套设备等。

3.1.7.3 榨油机械:指以花生、油菜籽、芝麻等为原料进行油料榨、滤等作业的机械,主要包括螺旋榨油机、液压榨油机和滤油机等。

3.1.7.4 果蔬加工机械:指用于水果、蔬菜清洗、分级、打蜡、切片切丝、榨汁等作业的机械,以及对蔬菜和薯类等进行清洗、分级等初加工的机械,主要包括水果分级机、水果清洗机、水果打蜡机、蔬菜清洗机、蔬菜分级机、薯类分级机和薯类分切机等。

3.1.7.5 茶叶加工机械:指对茶叶进行杀青、揉捻、炒(烘)干、筛选、理条等初加工的机械,主要包括茶叶杀青机、茶叶揉捻机、茶叶炒(烘)干机、茶叶筛选机和茶叶理条机等。

3.1.7.6 剥壳(去皮)机械:指用于种植业的主、副产品脱壳、去皮等作业的机械,主要包括玉米剥皮机、花生脱壳机、棉籽剥壳机、干坚果脱壳机、青豆脱壳机、大蒜去皮机、板栗去皮机、葵花剥壳机、剥(刮)麻机和果蔬去皮机等。

3.1.7.7 其他农产品初加工机械:指由动力机械驱动,以上述之外其他种植业的主、副产品为原料进行加工的机械,如用于棉花采摘后的清选、轧花、清花(籽)、脱绒、弹花等作业的棉花加工机械。

3.1.8 农用搬运机械

3.1.8.1 运输机械:指用于农田运输或其他农业搬运作业的机械,主要包括农用挂车、田间运输机、手扶变型运输机、挂桨机等。

3.1.8.2 装卸机械:指用于农业装载、卸载作业的机械,主要包括码垛机、农用吊车、农用叉车和抓草机等。

3.1.9 排灌机械

3.1.9.1 水泵:指通过抽水或压水进行灌溉和排水的机械,主要包括离心泵、潜水电泵、微型泵、泥浆泵、污水污物泵等用于农业生产的各类水泵。

3.1.9.2 喷灌机械设备:指运用微灌、喷灌等技术,能够有效降低农业灌溉用水量的机械设备,主要包括喷灌机、微灌设备和灌溉首部(含灌溉水增压设备、过滤设备、水质软化设备、灌溉施肥一体化设备以及营养液消毒设备等)。

3.1.10 畜牧机械

3.1.10.1 饲料(草)加工机械设备:指用于饲料(草)切割、粉碎、打浆、压制等加工作业的机械设备,主要包括铡草机、青贮切碎机、揉丝机、压块机、饲料(草)粉碎机、饲料混合机、饲料破碎机、青贮饲料取料机、饲料打浆机、颗粒饲料压制机、饲料制备(搅拌)机、饲料膨化机、饲料加工成套设备等。

3.1.10.2 饲养机械:指用于畜禽孵化、保温、送料、清粪、消毒等饲养作业的机械,主要包括孵化机、喂料机、送料机、饮水装置、清粪机(车)、消毒机、药浴机、畜禽精准化饲养设备、粪污固液分离机、粪污水处理设备、育雏保温伞、鸡笼、鸡架等。

3.1.10.3 畜产品采集加工机械设备:指用于畜牧产品的采集、储藏、屠宰等加工作业的机械设备,主要包括挤奶机、剪(羊)毛机、储奶(冷藏)罐、屠宰加工成套设备等。

3.1.11 水产机械

3.1.11.1 水产养殖机械:指用于水产养殖的机械设备,主要包括增氧机、投饲机、网箱养殖设备、水体净化设备、贝藻类养殖机械等。

3.1.11.2 水产捕捞机械:指用于水产捕捞的机械设备,主要包括绞钢机、起网机、吸鱼泵等。

3.1.12 农业废弃物利用处理设备

3.1.12.1 生物质能设备:指对农业生产废弃的生物质进行再利用的机械设备,主要包括沼气发生设备、秸秆气化设备等。

3.1.12.2 废弃物处理设备:指对农业生产废弃物进行处理的机械设备,主要包括废弃物料烘干机、有机废弃物好氧发酵翻堆机、有机废弃物干式厌氧发酵装置、残膜回收机、沼液沼渣抽排设备、秸秆压块(粒、棒)机、病死畜禽处理设备、畜禽粪便发酵处理设备等。

3.1.13 农田基本建设机械

3.1.13.1 挖掘机械:指在农业基本建设中用于挖掘作业的机械设备,主要包括农用挖掘机、开沟机(开渠用)、挖坑机、推土机、装载机、水力挖塘机组等。

3.1.13.2 平地机械:指在农业基本建设中用于平地作业的机械设备,主要包括铲运机、平地机等。

3.1.13.3 清淤机械:指在农业基本建设中用于清淤作业的机械设备,主要包括挖泥船、清淤机等。

3.1.14 设施农业设备

3.1.14.1 温室:采用透光覆盖材料作为全部或部分维护结构,具有一定环境调控设备,用于抵御不良天气条件,保证作物能正常生长发育的设施。根据结构特征可分为连栋温室、日光温室和塑料大棚,配套设备主要包括环境调控设备、电动卷膜机、电动卷帘机、开窗机、拉幕机、通风机、二氧化碳发生器和热风炉等。

3.1.14.2 食用菌生产设备:指用于食用菌菌料制备、混合、装瓶、分选等各个生产环节的机械设备,主要包括食用菌料制备设备、食用菌料混合机、蒸汽灭菌设备、食用菌料装瓶(袋)机、用菌分选分级机、食用菌压块机等。

3.1.15 其他机械

3.1.15.1 农用航空器:指在农业生产中用于播种、植保等作业的各类航空器,主要包括固定翼飞机、旋翼飞机(如遥控飞行喷雾机等植保无人机)。

3.1.15.2 养蜂设备:主要指养蜂平台等。

3.1.15.3 其他机械:不包含在上述任何分类的其他农业机械。

3.2 农机作业情况

3.2.1 农机作业总体情况

3.2.1.1 机耕面积:指当年使用拖拉机或其他动力机械耕作过的农作物面积,包括耕翻、旋耕、深松等,不包括在实施保护性耕作的耕地上的深松。

3.2.1.2 机播面积:指当年使用各种播种、栽植机械实际播种、栽植各种农作物的作业面积。

3.2.1.3 机电灌溉面积:指在当年有效灌溉面积中,使用机灌和电灌的耕地面积(自然面积)。

3.2.1.4 机械植保面积:指当年使用机动植保机械防治农作物病虫害的实际作业面积。

3.2.1.5 机收面积:指当年使用联合收获机和收割(割晒)机等机械实际收获各种农作物的面积。

3.2.1.6 机械烘干数量:指当年使用烘干机械和有热源装置的设备进行农产品干燥处理的农产品数量。

3.2.2 农机作业面积指标

3.2.2.1 机械深耕面积:指深度在 25 cm(包括 25 cm)以上的机耕作业面积。

3.2.2.2 保护性耕作面积:指在地表有秸秆覆盖或留茬情况下,进行免(少)耕播种的耕地面积(自然面积)。

3.2.2.3 机械免耕播种面积:指不进行土壤耕翻,直接使用免耕播种机械进行耙茬播和原垄播的播种作业面积。

3.2.2.4 精量播种面积:指按照精量播种对播种量的要求,使用精量播种机械进行播种作业的面积。

3.2.2.5 机械栽植面积:指使用栽植机械进行农作物秧苗栽植作业的面积。

3.2.2.6 机械铺膜面积:指使用机械为农作物铺塑料薄膜的面积。

3.2.2.7 机械深施化肥面积:指使用化肥深施机械,按照规定要求的深度,对农作物深施化肥的作业面积。

3.2.2.8 农田机械节水灌溉面积:指在农田作物播种及田间管理环节,利用管道喷、滴、渗灌及用拖拉机节水箱和喷、滴、灌设备进行节水灌溉的面积。

3.2.2.9 机械播种牧草面积:指使用机械播种牧草的面积。

3.2.2.10 机械化秸秆还田面积:指使用秸秆粉碎还田机或其他秸秆切碎机械将农作物秸秆粉碎或整株机械深埋直接还田的作业面积。

3.2.2.11 秸秆捡拾打捆面积:指使用秸秆捡拾打捆机进行秸秆捡拾打捆作业的面积。

3.2.2.12 农用航空器作业面积:指使用农用航空器进行播种、植保等作业的面积。

3.2.2.13 农机跨区作业面积:指外来农业机械在本县完成的作业面积。跨区指跨县级以上行政区域,包括跨区机耕面积、跨区机播面积和跨区机收面积等。

3.2.2.14 农机专业合作社作业服务面积:指农机专业合作社当年实际完成的田间作业面积,包括机耕、机播(栽)、机械植保、机收、机电灌溉面积等。

3.2.2.15 果、茶、桑机械中耕面积:指使用机械对果、茶、桑进行中耕除草作业的自然面积,不包括使用机械施除草剂的方式。

3.2.2.16 果、茶、桑机械施肥面积:指使用动力机械对果、茶、桑进行施肥作业的自然面积。主要指使用撒肥机、滴灌施液肥和开沟施肥机等进行作业,不包括使用植保机械等喷洒叶面肥或微耕机旋耕肥料。

3.2.2.17 果、茶、桑机械植保面积:指使用动力植保机械及装置进行防治和消灭对果、茶、桑园的病、虫、鼠、杂草(喷施除草剂)等作业的自然面积,采用频振式杀虫灯等物理或生物防治措施视为使用机械。

3.2.2.18 果、茶、桑机械修剪面积:指使用动力机械或装置(含机动、电动、气动)对果、茶、桑园进行修剪作业的自然面积。

3.2.2.19 设施耕整地机械化面积:指使用耕整地机械作业的设施面积。其中:土壤栽培温室,使用耕地和整地机械中的一种,统计全部设施面积;水培温室面积全部统计;基质栽培温室,使用基质处理机械中的一种,统计全部设施面积。

3.2.2.20 设施种植机械化面积:指使用播种机或移栽机作业的设施面积。使用播种机或移栽机中的一种,统计全部设施面积。

3.2.2.21 设施采运机械化面积:指使用采摘和室内运输机械作业的设施面积。使用采摘和室内运输两种机械,统计全部设施面积;若使用其中的一种,则统计的设施面积减半。

3.2.2.22 设施灌溉施肥机械化作业面积:指使用灌溉和施肥机械作业的设施面积。使用灌溉和施肥两种机械,则统计全部面积;若使用其中的一种,则统计面积减半。

3.2.2.23 设施环境调控机械化面积:指使用环境调控机械作业的设施面积。其中:塑料大棚使用通风机械(如电动卷膜机)统计全部设施面积;日光温室使用保温机械(如电动卷帘机)统计全部设施面积;连栋温室使用自动化控制系统(自动控制室内温度等环境因子)统计全部设施面积。

注1:对3.2.2.2,年内在1 hm² 耕地上不论种植几茬作物,都实行免(少)耕播种的才统计为保护性耕作面积。

注2:对3.2.2.15、3.2.2.16、3.2.2.17、3.2.2.18,同一块地在一年中进行多次作业的,只要有1次使用了机械作业,则视作机械化作业,且只计算1次机械作业面积。

注3:对3.2.2.19、3.2.2.20、3.2.2.21、3.2.2.22、3.2.2.23,所指设施面积均为设施内的种植面积。当年设施内有多茬生产时,所有设施面积均只统计1次,且只要其中一茬作物在某环节使用了相关机械设备,则认为该环节实现了机械化。

注4:除上述指标外,其他机械作业面积按实际播种农作物茬口累加统计,每茬作物不论机械作业几次,只统计1次。

注5:3.2.2.22中灌溉机械指有动力水源,且具有固定的输水管道或沟渠的灌溉系统。

3.2.3 农机作业量指标

3.2.3.1 机械化青贮秸秆数量:指把农作物秸秆通过机械粉碎后氨化调质储存的数量,按青贮前的质量计算。

3.2.3.2 机械初脱出农产品数量:指使用机械对粮油作物脱粒脱壳、蔬菜外观整理、水果去皮去核、畜禽屠宰剥毛脱羽放血、水产品采肉处理、机收棉花的除杂、糖料作物剥叶切缨、茶叶杀青等处理的各种农产品原料质量之和。多次重复加工,均按首次加工的原料质量计入。

3.2.3.3 机械清选农产品数量:指使用机械进行粮油清选分级、果蔬清选分级、肉类胴体分割加工、蛋类清选分级、乳类杀菌、水产品清选分级、茶叶揉捻等处理的各种农产品原料质量之和。多次重复加工,均按首次加工的原料质量计入。

3.2.3.4 机械保质农产品数量:指使用机械进行干燥、保鲜、储藏处理的各种农产品原料质量之和。多次重复加工,均按首次加工的原料质量计入。

3.2.3.5 机械收获饲料(草)数量:指使用农业机械收割的牧草、秸秆等饲料(草)的质量。

3.2.3.6 机械加工饲料(草)数量:指使用各种饲料(草)加工机械加工(切碎、粉碎、搅拌等)饲料(草)的实际质量。不论加工何种物料,均按加工前原料质量计算。

3.2.3.7 机械饲喂的畜禽数量:指由送料机、传输带等机械设备完成饲料投喂的各类畜禽数量。

3.2.3.8 机械处理粪便的畜禽数量:指采用刮粪机(板)、水泵冲粪,并使用固液分离、发酵池或沼气工程、粪便抽吸等方式完成粪便清理、处理的畜禽数量。

3.2.3.9 机械环境控制的畜禽数量:指采用水帘、空调、暖风机、通风设备、紫外线消毒、喷淋消毒等机械调控圈舍环境(至少采用2种设备)的畜禽数量。

3.2.3.10 机械挤奶的家畜数量:指饲养的用于产奶的家畜中,由挤奶机械完成挤奶的家畜数量。

3.2.3.11 机械剪毛的畜禽数量:指饲养的用于产毛(绒)的畜禽中,由机械完成剪毛(绒)的畜禽数量。

3.2.3.12 机械捡蛋的蛋禽数量:指饲养的蛋禽中,使用机械捡蛋的蛋禽数量。

3.2.3.13 果、茶、桑机械采收产量:指使用动力机械或装置采收的果、茶、桑产量。

3.2.3.14 果、茶、桑机械田间转运产量:指使用"轨道/索道运输"、小型运输车/机械或其他机动运输工具将果、茶、桑从园内运到公路旁的产品质量,若将采收的产品从园内转运到公路时,人工搬运的距离小于100 m视为机械化作业。

3.2.3.15 机械投饲池塘养殖产量:指池塘养殖模式中采用机械(如喷浆机,机动、气动及太阳能投饲机,投饲车等)进行投饲作业的养殖产量。

3.2.3.16 机械水质调控池塘养殖产量:指池塘养殖模式中采用机械进行水质调控的养殖产量。水质调控环节包括增氧、水质监测、消毒、杀菌、水循环、过滤等。

3.2.3.17 机械起捕池塘养殖产量:指池塘养殖模式中采用机械(如起网机等)进行起捕作业的养殖产量。

3.2.3.18 机械清淤池塘养殖产量:指池塘养殖模式中采用机械(含土建工程机械,如推土机、装载机、铲运机等)进行清淤作业的池塘养殖产量。

3.2.3.19 机械投饲网箱养殖产量:指网箱养殖模式中采用机械(如喷浆机,机动、气动及太阳能投饲机,投饲车,投饲船等)进行投饲的养殖产量。

3.2.3.20 机械化网箱清洗养殖产量:指网箱养殖模式中采用动力机械进行网箱清洗水域的养殖产量。

3.2.3.21 机械起捕网箱养殖产量:指网箱养殖模式中采用机械(如起网机、气幕赶鱼器、吸鱼泵等)进行起捕的养殖产量。

3.2.3.22 机械投饲工厂化养殖产量:指工厂化养殖模式中采用机械(如喷浆机,机动、气动及太阳能投饲机,投饲车等)进行投饲作业的养殖产量。

3.2.3.23 机械起捕工厂化养殖产量:指工厂化养殖模式中采用机械(如起网机等)进行起捕作业的养殖产量。

3.2.3.24 机械投苗养殖产量:指筏式吊笼与底播养殖模式中采用机械进行投苗作业的养殖产量。

3.2.3.25 机械采收养殖产量:指筏式吊笼与底播养殖模式中采用机械进行采收作业的养殖产量。

3.2.3.26 农田基本建设作业量:指使用挖掘机、推土机、装载机、平地机等进行挖掘、装载、平地、清淤等农田基本建设作业的总立方米数。

3.2.4 机械化率

本部分仅适用于种植业。

3.2.4.1 机耕率

按式(1)计算。

$$A_1 = \frac{S_{jg}}{S_{yg}} \times 100 \cdots\cdots\cdots\cdots\cdots (1)$$

式中：

A_1——机耕率,单位为百分率(%)；

S_{jg}——机耕面积,单位为公顷(hm²)；

S_{yg}——应耕地面积,单位为公顷(hm²)。

注:应耕地面积为农作物总播种面积减去免耕面积的差值。

3.2.4.2 机播率

按式(2)计算。

$$A_2 = \frac{S_{jb}}{S_{zb}} \times 100 \cdots\cdots\cdots\cdots\cdots (2)$$

式中：

A_2——机播率,单位为百分率(%)；

S_{jb}——机播面积,单位为公顷(hm²)；

S_{zb}——农作物总播种面积,单位为公顷(hm²)。

3.2.4.3 机收率

按式(3)计算。

$$A_3 = \frac{S_{js}}{S_{zs}} \times 100 \cdots\cdots\cdots\cdots\cdots (3)$$

式中：

A_3——机收率,单位为百分率(%)；

S_{js}——机械收获面积,单位为公顷(hm²)；

S_{zs}——总收获面积,单位为公顷(hm²)。

注:总收获面积指各种农作物收获总面积,为农作物总播种面积减去绝收面积的差值。

3.2.4.4 耕种收综合机械化率

按式(4)计算。

$$A = 0.40 A_1 + 0.30 A_2 + 0.30 A_3 \cdots\cdots\cdots\cdots\cdots (4)$$

式中：

A——耕种收综合机械化率,单位为百分率(%)。

3.3 农业机械化系统机构及人员

3.3.1 农业机械化管理机构

指经各级政府授权,对辖区内农机化事业发展承担政策制定、检查监督、规划计划、体系建设、宏观调控、科普宣传、信息收集汇总与传递等管理职能的机构。

3.3.2 农业机械化教育(培训)机构

指经有关部门批准设立的由农业机械化部门归口管理的教育(培训)机构。

3.3.3 农业机械化科研机构

指对农业机械化软科学和农业机械进行研究、开发及成果转化的专门机构。

3.3.4 农业机械试验鉴定机构

指承担农业机械产品试验、鉴定及质量技术监督等工作的专门机构。

3.3.5 农业机械化技术推广机构

指对开展农机化技术试验、示范、培训、指导以及咨询服务等的专门机构。

3.3.6 农机安全监理机构

指经授权承担农机安全监理工作的机构。

3.3.7 农业机械产品质量投诉监督站

指经授权负责组织处理农机用户对农业机械产品质量和服务投诉工作的机构。

3.3.8 农业机械职业技能鉴定站

指经授权负责进行农业机械职业技能鉴定的机构。

3.4 农机服务组织及人员

3.4.1 农机服务组织

指具有章程、一定经营规模和相对稳定场所,从事各种农机作业服务的主体,包括国家、集体、个人领办的农机服务站(队)、农机合作社、农机作业服务公司等。

3.4.2 农机户

指拥有或承包 2 kW 及以上的农用动力机械,自用或为他人作业,没有章程或管理办法的农户。

3.4.3 农机化中介服务组织

指为农机户、农机服务组织等提供组织、协调、信息、咨询等服务的中间性组织。

3.4.4 农机维修厂及维修点

指从事农机维修的维修厂、维修车间、维修门市部和有相对稳定场所的农机维修个体户。不包括农机企业设立的售后维修场所。

3.4.5 乡村农机从业人员

指县以下(不含县)从事农机化管理、生产和经营服务的人员。

3.5 农机化管理服务与经营效益

3.5.1 培训农机人员

指农机化教育培训机构按照有关规定要求进行培训,当年结业的农机人员总数,包括新训农机人员、复训农机人员以及委托大中专院校代培的农机技术人员,但是不包括农机化大中专院校按国家统一招生计划招收的毕业生。

3.5.2 农机维修

指农机维修厂和维修点当年维修拖拉机、联合收获机、水稻插秧机、运输机械及其他农机具的数量,包括机械加工维修和换件维修。

3.5.3 农机化投入

3.5.3.1 科研投入:指用于农机化技术和农业机械研究开发等的财政资金。

3.5.3.2 推广投入:指用于农机化技术试验、示范、培训、指导以及咨询服务等的财政资金。

3.5.3.3 安全监理投入:指用于农机安全监理的财政资金。

3.5.3.4 试验鉴定投入:指用于农机试验鉴定的财政资金。

3.5.3.5 基本建设投入:指用于机具库棚、烘干、仓储、设施等建设资金。

3.5.3.6 农业机械购置投入:指各类农业生产经营主体用于购置农业机械的资金(全价),包括财政资金和社会投入。

3.5.4 农业机械化经营效益

3.5.4.1 农机服务收入:指各类从事农机生产经营服务的主体当年全部生产经营服务收入(如农机作业服务收入),不包括借贷、暂存以及财政资金投入等。

> 注:农机作业服务收入指各类从事农机生产经营服务的主体,使用农业机械从事作业服务当年取得的全部收入,包括但不限于田间作业收入、农产品初加工作业收入。

3.5.4.2 成本与费用:指当年开展农机化生产经营服务活动实际支出并应当由当年负担的费用,包括生产费、管理费、燃油成本费用和其他费用。

注:燃油成本费用指当年开展农机化生产经营服务活动实际负担的燃油消耗费用。

3.5.4.3 利润总额:指总收入减去费用总支出后的差额。若差额是负数,即表示农机经营亏损;反之,即为盈利。

3.6 农机安全监理

3.6.1 农业机械事故分类

3.6.1.1 特别重大农机事故:指造成 30 人以上死亡,或者 100 人以上重伤的事故,或者 1 亿元以上直接经济损失的事故。

3.6.1.2 重大农机事故:指造成 10 人以上、30 人以下死亡,或者 50 人以上、100 人以下重伤的事故,或者 5 000 万元以上、1 亿元以下直接经济损失的事故。

3.6.1.3 较大农机事故:指造成 3 人以上、10 人以下死亡,或者 10 人以上、50 人以下重伤的事故,或者 1 000 万元以上、5 000 万元以下直接经济损失的事故。

3.6.1.4 一般农机事故:指造成 3 人以下死亡,或者 10 人以下重伤,或者 1 000 万元以下直接经济损失的事故。

3.6.2 事故指标

3.6.2.1 事故起数:指各类农业机械事故数量的总和。

3.6.2.2 死亡人数:指各种农业机械事故造成的人员死亡数量。

3.6.2.3 受伤人数:指各种农业机械事故中人身健康受到伤害但没有死亡的人员数量。

3.6.2.4 直接经济损失:指农业机械事故现场造成的直接经济损失,包括农业机械和有关物资的损失,以及牲畜伤亡的折价费等。

3.6.3 事故主要原因

3.6.3.1 无证驾驶事故:指农业机械驾驶人没有领取驾驶证而驾驶农业机械,或持有已经失效的驾驶证驾驶农业机械,或驾驶与驾驶证准驾机型不相符合的农业机械造成的事故。

3.6.3.2 酒后驾驶事故:指饮酒、醉酒后驾驶农业机械造成的事故。

3.6.3.3 违法载人事故:指农业机械驾驶操作人违反交通法规和农机安全法规载人造成的事故。

3.6.3.4 操作失误事故:指由于疏忽、判断错误及措施不当造成的事故。

3.6.3.5 超速超载事故:指超过道路交通法规和农机安全法规规定的速度驾驶农业机械或超过农业机械设计规定的载质量(牵引力)搭载物体造成的事故。

3.6.3.6 机件失效事故:指农业机械的机件磨损、断裂、调整不当,导致机件失去原有的功效等原因造成的事故。

3.6.3.7 其他原因事故:指除上述原因外,其他原因造成的事故。

3.6.4 农业机械注册登记数量

指经过农机安全监理机构注册登记,持有有效拖拉机、联合收割机牌证的台数。

3.6.5 农业机械驾驶操作人员申领驾驶证数量

指经过农机安全监理机构核发,持有有效拖拉机、联合收割机驾驶证的人数。

ICS 65.060.30
B 91

中华人民共和国农业行业标准

NY/T 1828—2019
代替 NY/T 1828—2009

机动插秧机　质量评价技术规范

Technical specification of quality evaluation for motorized rice transplanter

2019-08-01 发布

2019-11-01 实施

中华人民共和国农业农村部 发布

前　言

本标准按照 GB/T 1.1—2009 给出的规则起草。

本标准代替 NY/T 1828—2009《机动插秧机　质量评价技术规范》。与 NY/T 1828—2009 相比，除编辑性修改外主要技术变化如下：

——修改了规范性引用文件；

——修改了质量评价所需的文件资料；

——修改了主要技术参数；

——修改了主要仪器设备准确度要求；

——修改了安全要求；

——修改了噪声测试方法和可靠性评价方法；

——删除了零部件检查内容；

——修改了抽样方法；

——增加了可靠性调查表格式。

本标准由农业农村部农业机械化管理司提出。

本标准由全国农业机械标准化技术委员会农业机械化分技术委员会(SAC/TC 201/SC 2)归口。

本标准主要起草单位：农业农村部农业机械试验鉴定总站、久保田农业机械(苏州)有限公司。

本标准主要起草人：李英杰、兰心敏、冯发超、刘辉、张华强、徐峰、刘德普、张萌、杨茜。

本标准所代替标准的历次版本发布情况为：

——NY/T 1828—2009。

机动插秧机 质量评价技术规范

1 范围

本标准规定了机动插秧机的基本要求、质量要求、检测方法和检验规则。

本标准适用于机动插秧机(以下简称插秧机)的质量评定。

2 规范性引用文件

下列文件对于本文件的应用是必不可少的。凡是注日期的引用文件,仅注日期的版本适用于本文件。凡是不注日期的引用文件,其最新版本(包括所有的修改单)适用于本文件。

GB/T 2828.11—2008 计数抽样检验程序 第11部分:小总体声称质量水平的评定程序

GB/T 6243—2017 水稻插秧机 试验方法

GB/T 9480 农林拖拉机和机械、草坪和园艺动力机械 使用说明书编写规则

GB 10396 农林拖拉机和机械、草坪和园艺动力机械 安全标志和危险图形 总则

GB/T 20864—2007 水稻插秧机 技术条件

JB/T 5673 农林拖拉机及机具涂漆 通用技术条件

JB/T 9832.2—1999 农林拖拉机及机具 漆膜附着性能测定方法 压切法

3 基本要求

3.1 质量评价所需的文件资料

a) 产品规格表(见附录A);

b) 企业产品执行标准或产品制造验收技术条件;

c) 发动机产品环保信息公开文件(复印件);

d) 产品使用说明书;

e) 三包凭证;

f) 样机照片(左前方45°、右前方45°、正后方、产品铭牌各1张)。

3.2 主要技术参数核对与测量

依据产品使用说明书、铭牌和企业提供的其他技术文件,对样机的主要技术参数按表1进行核对或测量。技术文件应详细描述样机的不同配置情况。

3.3 试验条件

3.3.1 试验地应符合 GB/T 6243—2017 中5.1.2的要求。

3.3.2 试验秧苗应符合 GB/T 20864—2007 中4.1.2的要求。插前秧苗空格率不大于2%。

3.3.3 样机应与制造厂提供的使用说明书相符,且有检验合格证。按使用说明书的要求调整到最佳工作状态。

表1 核测项目与方法

序 号	项 目		方法
1	规格型号		核对
2	结构型式		核对
3	配套发动机	规格型号	核对
		结构型式	核对
		功率/转速	核对
		燃油种类	核对

表 1（续）

序 号	项 目	方法
4	工作状态外形尺寸(长×宽×高)	测量
5	结构质量	测量
6	工作行数	核对
7	行 距	测量
8	穴 距	核对
9	穴距调节机构型式	核对
10	穴距调节挡位数量	核对
11	横向移送量	核对
12	纵向取秧量	核对
13	驱动方式	核对
14	转向方式	核对
15	行走前轮结构型式	核对
16	前轮直径	测量
17	行走后轮结构型式	核对
18	后轮直径	测量
19	变速方式	核对
20	变速挡位	核对
21	插植机构型式	核对
22	平衡机构型式	核对
23	最小离地间隙(四轮乘坐式)	测量
注:工作状态是指样机在硬化检测场地上呈水平的状态(不含划行器)。手扶插秧机保持发动机机架前后水平,导轨延长板、保护杆打开状态测量。		

3.4 主要仪器设备

试验用仪器设备应检定或校准合格且在有效期内。仪器设备的测量范围和测量准确度要求应不低于表 2 的规定。

表 2 主要仪器设备测量范围和准确度要求

被测参数	测量范围	测量准确度要求
噪声	34 dB(A)～130 dB(A)	2 级
质量	0 g～200 g	0.1 g
	0 g～6 000 g	1 g
时间	0 h～24 h	0.5 s/d
长度	0 m～5 m	1 mm
	5 m～50 m	10 mm
	0 cm～30 cm	0.5 mm
温湿度	−20℃～60℃;0%RH～100%RH	1℃;0.1%RH

4 质量要求

4.1 作业性能

插秧机的主要性能指标应符合表 3 的规定。

表 3 性能要求一览表

序号	项 目	质量指标	对应的检测方法条款号
1	伤秧率,%	≤4	5.1.2.1
2	漂秧率,%	≤3	5.1.2.1
3	相对均匀度,%	≥85	5.1.2.1
4	漏插率,%	≤5	5.1.2.1
5	插秧深度合格率,%	≥90	5.1.2.2
6	单位作业量燃油消耗量,kg/hm²	小于使用说明书明示值上限的 80%	5.1.3

表 3（续）

序号	项　目	质量指标	对应的检测方法条款号
7	作业小时生产率,hm²/h	大于使用说明书明示值上限的80%	5.1.3
8	静态环境噪声,dB(A)	≤85	5.1.4.1
9	驾驶员耳位噪声,dB(A)	≤89	5.1.4.2

4.2 安全要求

4.2.1 插秧机除插秧旋转部件外的外露回转件应有防护罩。

4.2.2 发动机排气口应避开操作者,排气管应有防烫措施。

4.2.3 插秧机的工作台应平坦,表面应防滑。

4.2.4 在道路运输中划行器不应超出机器的规定轮廓,并应能锁定在运输状态或处在靠重力防止意外脱开的位置。

4.2.5 载秧台横向传送导轨无尖锐锋利边缘,且应设置防撞措施。

4.2.6 所有操纵装置周围应有最小 25 mm 的间隙;踏板应防滑且便于清理。

4.2.7 高速乘坐式插秧机加秧护栏高度应可调节,护栏最低高度不得低于 650 mm。

4.2.8 高速乘坐式插秧机应有停车制动装置,应保证在 20% 的干硬坡道上,将变速器置于空挡,发动机熄火,保持 5 min,沿上、下坡方向可靠驻车。

4.2.9 插秧机配套发动机排放应达到国家环保主管部门规定的排放标准。

4.2.10 插秧机应针对遗留风险在明显部件设置安全标志,安全标志应符合 GB 10396 的规定,并在使用说明书中再现。秧箱两侧应有安全操作的安全标志。

4.3 整机装配

4.3.1 插植臂应密封,防止漏油,进入水和泥土。整机装配后,各润滑点应加注润滑油脂或机油,静结合面不允许渗油,动结合面不允许滴油。

4.3.2 整机装配后在工作速度的最高和最低转速范围内,各运动件应运转平稳、可靠、无异常碰撞、冲击和振动。

4.3.3 安全离合器应能在秧爪遇到障碍时自动脱开,保持传动系统和插植臂不受损坏。

4.3.4 各操纵手柄和调节机构应操作方便,调节灵活、可靠;调节范围应能达到规定的极限位置。

4.3.5 秧爪和插植臂应符合 GB/T 20864—2007 中 4.5.6、4.5.7、4.5.8、4.5.9、4.5.10 的要求。

4.3.6 非运动件装配质量应符合 GB/T 20864—2007 中 4.5.11 的要求。

4.3.7 铸件应清除黏砂和其他杂物,表面应平整光洁。不加工表面的毛刺、浇口应打磨修平。钢、铁铸件应涂防锈底漆。

4.3.8 焊接件焊合应牢固,不允许有漏焊、未焊透、夹渣、裂纹或穿孔等缺陷。

4.4 外观质量

4.4.1 外露结构件应修边去毛刺。非涂漆的零部件和操纵手柄外观应符合 GB/T 20864—2007 中 4.2.5 条的要求。

4.4.2 涂漆外观质量应符合 JB/T 5673 的要求。漆膜附着力应不低于 JB/T 9832.2—1999 表 1 中规定的 Ⅱ 级的要求。

4.5 操纵方便性

4.5.1 在显著部位固定档位、手柄、离合器、润滑位置标识。

4.5.2 调整、更换零部件应方便。

4.5.3 各调整量指示值与实际调整值误差不大于±5%。

4.5.4 保养点设置应合理、便于操作。

4.5.5 辅助件拆装应方便。

4.6 可靠性

4.6.1 可靠性评价期间,若发生重大质量故障,则可靠性评价结果为不合格。重大质量故障是指导致机具功能完全丧失、危及作业安全、造成人身伤亡或重大经济损失的故障,以及主要零部件或重要总成(如:发动机、传动箱、机架、轴承座、插植臂、秧苗箱等结构件)损坏、报废,导致功能严重下降,难以正常作业的故障。

4.6.2 依据生产试验结果进行评价的,要求使用可靠性 $K_{20\,hm^2/m}$(对样机进行每米幅宽不少于 20 hm^2 生产试验的使用可靠性)不小于 90%。

4.6.3 批量生产销售两年以上,高速乘坐式插秧机市场累计销售总量在 50 台以上、简易乘坐式插秧机在 200 台以上、手扶式插秧机在 500 台以上的产品,可以按生产查定并结合可靠性调查结果进行可靠性评价。

4.6.4 依据生产查定并结合可靠性调查结果进行评价的,其有效度 $K_{18\,h}$(对样机进行作业时间不少于 18 h 生产查定的有效度)不小于 98%。高速乘坐式插秧机、简易乘坐式插秧机和手扶式插秧机的平均故障前作业时间分别不小于 80 h、75 h 和 65 h。

4.7 使用信息

4.7.1 使用说明书

4.7.1.1 使用说明书的编制应符合 GB/T 9480 的要求。

4.7.1.2 使用说明书至少应包括以下内容:
 a) 再现安全警示标志、标识,明确粘贴位置;
 b) 主要用途和适用范围;
 c) 主要技术参数;
 d) 正确的安装与调试方法;
 e) 操作说明;
 f) 安全注意事项;
 g) 维护与保养要求;
 h) 常见故障及排除方法;
 i) 产品三包内容,也可单独成册;
 j) 易损件清单;
 k) 产品执行标准代号。

4.7.2 三包凭证

应有三包凭证,至少应包括以下内容:
 a) 产品名称、规格、型号、出厂编号;
 b) 配套动力的牌号、型号、名称及出厂编号;
 c) 生产企业名称、地址、售后服务联系电话、邮政编码;
 d) 修理者名称、地址、电话和邮政编码;
 e) 整机三包有效期;
 f) 主要零部件三包有效期;
 g) 主要零部件清单;
 h) 修理记录表;
 i) 不实行三包的情况说明。

4.8 铭牌

4.8.1 应在插秧机的明显位置固定产品铭牌,要求内容齐全、字迹清晰、固定牢靠。

4.8.2 铭牌至少应明示产品型号与名称、配套动力、作业行数、出厂编号、制造日期、制造厂名称和制造商地址。

5 检测方法

5.1 性能试验

5.1.1 试验条件

5.1.1.1 田块条件测定按 GB/T 6243—2017 中 5.4 进行。

5.1.1.2 秧苗插前状态测定按 GB/T 6243—2017 中 5.2 进行。

5.1.1.3 插前均匀度合格率、空格率、秧苗密度的测定按 GB/T 6243—2017 中 5.3 进行。

5.1.2 性能指标测定

5.1.2.1 伤秧率、漂秧率、漏插率、相对均匀度等作业性能指标按 GB/T 6243—2017 中 5.5.1 测定。

5.1.2.2 插秧深度按 GB/T 6243—2017 中 5.5.2 测定,插秧深度要求为当地农艺要求±8 mm。插秧深度合格率按式(1)计算。

$$V = \frac{H_h}{H} \times 100 \quad \cdots\cdots\cdots\cdots\cdots\cdots\cdots\cdots\cdots\cdots\cdots\cdots\cdots (1)$$

式中:

V ——插秧深度合格率,单位为百分率(%);

H ——测定总穴数,单位为穴;

H_h ——合格穴数总和,单位为穴。

5.1.3 作业小时生产率和单位作业量燃油消耗量

按 GB/T 6243—2017 中 6.3.2 进行,测定作业小时生产率和单位作业量燃油消耗量。

5.1.4 噪声测定

5.1.4.1 静态环境噪声

5.1.4.1.1 在测试场地中心周围半径 25 m 范围内,不得有大的噪声反射物,如建筑物、围墙、岩石和机器设备等。

5.1.4.1.2 测量应在天气良好,离地面高 1.2 m 处的风速不大于 3 m/s 时进行。为避免风噪声的影响,可采用防风罩。

5.1.4.1.3 实测噪声值与背景噪声值之差应大于或等于 10 dB(A)。

5.1.4.1.4 在声级计传声器和样机之间不应有人或其他障碍物。传声器附近不应有影响声场的障碍物,观测人员应处于不影响声级计测量的地方。

5.1.4.1.5 样机经过预热使各部分达到正常工作温度后开始试验。

5.1.4.1.6 样机停放在测试场地中心,声级计传声器置于样机驱动轴延长线上,距离被试样机纵向中心垂直面 7.5 m,离地高 1.2 m 处,“A”计权网络和“慢”挡进行测量。

5.1.4.1.7 样机处于空挡状态,发动机预热达到正常工作温度后,在调速器所限定的最高转速下运转,记录此时声级计的最大读数;左右两侧分别测 3 次,同侧 3 次测定值之差异应不大于 2 dB(A),同侧 3 次测定值取平均值,取左右两侧平均值中较大者为样机静态环境噪声。

5.1.4.2 驾驶员耳位噪声测定

5.1.4.2.1 在测试场地中心周围半径 25 m 范围内,不得有大的噪声反射物,如建筑物、围墙、岩石和机器设备等。

5.1.4.2.2 测量应在天气良好,风速不大于 3 m/s 时进行。为避免风噪声的影响,可采用防风罩,但不得影响测量精度。

5.1.4.2.3 实测噪声值与背景噪声值之差应不小于 10 dB(A)。用声级计的“A”计权网络和“慢”挡进行测量。将声级计传声器安放在距头部中央平面(20±2) cm 的声压级较大的一侧,并与眼睛在一条直线上。对手扶式插秧机,操作者穿鞋后的高度应为(1.75±0.05) m,对乘坐式插秧机,从坐垫平面测量的总高度为(0.93±0.05) m。进行试验时,按样机最大作业速度前进,待其稳定后,读取最大噪声值并测定其前进速度。

5.2 安全性检查

按 4.2 的规定逐项检查。

5.3 整机装配质量检查

按 4.3 的规定逐项检查。

5.4 外观质量检查

按 4.4 的规定逐项检查,漆膜附着力按 JB/T 9832.2—1999 中第 5 章的要求进行。

5.5 操纵方便性检查

按 4.5 的规定逐项检查。

5.6 可靠性评价

5.6.1 生产试验法

按 GB/T 6243—2017 中第 6 章进行生产试验,生产试验样机为 2 台,生产试验面积为每米幅宽不少于 20 hm²,测定计算使用可靠性 $K_{20 hm²/m}$,并做好故障情况记录,依据生产试验结果进行可靠性评价。

5.6.2 生产查定结合可靠性调查法

5.6.2.1 生产查定样机为 1 台。按 GB/T 6243—2017 中 6.3.2 进行生产查定,计算有效度 $K_{18 h}$。生产查定作业时间为 18 h。

5.6.2.2 可靠性调查采取定时截尾调查方式进行。在插秧机作业超过 120 h 的 30 个及以上用户中,按 3 个主要销售区域分别随机抽取 5 个用户,调查产品的首次故障前作业时间和故障发生情况,截尾调查时间不少于 120 h。平均首次故障前作业时间按式(2)计算。可靠性调查表格式见附录 B。

$$M_nTTFF = \frac{1}{n}\left(\sum_{i=1}^{r} t_i + \sum_{j=1}^{n-r} t_j\right) \quad \cdots\cdots\cdots\cdots\cdots\cdots\cdots\cdots (2)$$

式中:

M_nTTFF ——平均首次故障前作业时间,单位为小时(h);

n ——被调查的插秧机数量,单位为(台);

r ——被调查的插秧机在使用中出现首次故障(轻度故障除外)的数量,单位为(台);

t_i ——第 i 台插秧机出现首次故障时的累计作业时间,单位为小时(h);

t_j ——第 j 台插秧机累计工作 120 h 前未发生首次故障时的累计作业时间,超过 120 h 的,以 120 计,单位为小时(h)。

5.6.2.3 若所有被调查的插秧机作业时间超过 120 h 未出现故障(轻度故障除外),规定以 $M_nTTFF >$ 120 h 表示。

5.7 使用说明书审查

按 4.7.1 的规定逐项检查。

5.8 三包凭证审查

按 4.7.2 的规定逐项检查。

5.9 铭牌

按 4.8 的规定逐项检查。

6 检验规则

6.1 抽样方法

6.1.1 抽样方案按照 GB/T 2828.11—2008 中表 B.1 的规定执行,见表 4。

表 4 抽样方案

检验水平	O
声称质量水平(DQL)	1

表 4（续）

检验水平	O
检查总体（N）	10
样本量（n）	1
不合格品限定数（L）	O

6.1.2 在生产企业近 12 个月内生产的合格产品中随机抽取 2 台，其中 1 台用于检验，另 1 台备用。由于非质量原因造成试验无法继续进行时，启用备用样机。抽样基数为 10 台，在用户和市场抽样不受此限。

6.2 不合格项目分类

检验项目按其对产品质量的影响程度，分为 A、B、C 类。不合格项目分类见表 5。

表 5 检验项目及不合格分类

不合格项目分类		项 目		对应质量要求的条款号
项目分类	序号			
A	1	安全要求	安全防护	4.2.1
			排气管及排气口	4.2.2
			工作台	4.2.3
			划行器	4.2.4
			载秧台横向传送导轨	4.2.5
			操纵间隙	4.2.6
			加秧护栏	4.2.7
			停车制动	4.2.8
			发动机排放	4.2.9
			安全标志	4.2.10
	2	伤秧率		4.1
	3	漏插率		4.1
	4	噪声	驾驶员耳位噪声	4.1
			静态环境噪声	4.1
B	1	漂秧率		4.1
	2	插秧深度合格率		4.1
	3	相对均匀度		4.1
	4	可靠性		4.6
C	1	单位作业量燃油消耗量		4.1
	2	作业小时生产率		4.1
	3	使用说明书		4.7.1
	4	三包凭证		4.7.2
	5	整机装配		4.3
	6	操纵方便性		4.5
	7	外观质量		4.4
	8	铭牌		4.8

6.3 判定规则

6.3.1 样机合格判定：对样机的 A、B、C 类检验项目逐项进行考核和判定。当 A 类不合格项目数为 0（即 A＝0）、B 类不合格项目数不超过 1（即 B≤1）、C 类不合格项目数不超过 2（即 C≤2），判定样机为合格品；否则，判定样机为不合格品。

6.3.2 综合判定：若样机为合格品（即样本的不合格品数不大于不合格品限定数），则判通过；若样机为不合格品（即样本的不合格品数大于不合格品限定数），则判不通过。

6.3.3 试验期间，因样机质量原因造成故障，致使试验不能正常进行，应判定产品不合格。

附　录　A

（规范性附录）

产　品　规　格　表

产品规格表见 A.1。

表 A.1　产品规格表

序号	项　目		单位	设计值
1	规格型号		—	
2	结构型式		—	
3	配套发动机	型号规格	—	
		结构型式	—	
		功率/转速	kW/(r/min)	
		燃油种类	—	
4	工作状态外形尺寸(长×宽×高)		mm	
5	结构质量		kg	
6	工作行数		行	
7	行距		mm	
8	穴距		mm	
9	插秧深度		mm	
10	作业速度		km/h	
11	作业小时生产率		hm²/h	
12	单位作业量燃油消耗量		kg/hm²	
13	穴距调节机构型式		—	
14	穴距调节档位数量		—	
15	横向移送量		mm	
16	纵向取秧量		mm	
17	驱动方式		—	
18	转向方式		—	
19	行走前轮结构型式		—	
20	前轮直径		mm	
21	行走后轮结构型式		—	
22	后轮直径		mm	
23	变速方式		—	
24	变速挡位		—	
25	插植机构型式		—	
26	平衡机构型式		—	
27	最小离地间隙(四轮乘坐式)		mm	
备注				

附 录 B
（规范性附录）
可靠性调查记录表

可靠性调查记录表见表 B.1。

表 B.1 可靠性调查记录表

调查单位：　　　　　　　　　　　调查人：　　　　　　　　　　调查日期：　　年　　月　　日

<table>
<tr><td rowspan="3">用户
情况</td><td>姓名</td><td></td><td colspan="2">电话</td><td></td><td></td></tr>
<tr><td>地址</td><td colspan="5"></td></tr>
<tr><td>所受培训</td><td colspan="2">□未经过培训</td><td colspan="2">□上机前培训</td><td>□专业培训</td></tr>
<tr><td rowspan="3">机器
情况</td><td>型号规格</td><td colspan="5"></td></tr>
<tr><td>生产企业</td><td colspan="5"></td></tr>
<tr><td>出厂编号</td><td></td><td colspan="2">出厂日期</td><td colspan="2"></td></tr>
<tr><td>配套动力</td><td>功率</td><td></td><td colspan="2">生产企业</td><td></td></tr>
<tr><td rowspan="8">故障
情况</td><td>总工作时间</td><td>小时</td><td colspan="2">总作业量</td><td colspan="2">平方米/公顷</td></tr>
<tr><td>首次故障前作业时间</td><td>小时</td><td colspan="2">首次故障前作业量</td><td colspan="2">平方米/公顷</td></tr>
<tr><td rowspan="4">故
障
情
况</td><td colspan="3">故障部位和表现</td><td colspan="2">故障原因及处理</td><td>故障级别</td></tr>
<tr><td colspan="3"></td><td colspan="2"></td><td></td></tr>
<tr><td colspan="3"></td><td colspan="2"></td><td></td></tr>
<tr><td colspan="3"></td><td colspan="2"></td><td></td></tr>
<tr><td>重大质量故障情况</td><td>有</td><td>无</td><td colspan="3">描述：</td></tr>
<tr><td>安全事故情况</td><td>有</td><td>无</td><td colspan="3">描述：</td></tr>
<tr><td colspan="2">调查方式</td><td>□实地</td><td>□信函</td><td>□电话</td><td>用户签字</td><td></td></tr>
<tr><td colspan="8">注：调查内容有选项的，在所选项上划"√"；调查方式为实地、信函调查时，用户应签字。</td></tr>
</table>

ICS 65.060.01
B 90

中华人民共和国农业行业标准

NY/T 1830—2019

代替 NY/T 1830—2009

拖拉机和联合收割机安全
技术检验规范

Technical specification for safety inspection of
tractor and combine-harvester

2019-08-01 发布

2019-11-01 实施

中华人民共和国农业农村部 发布

前　言

本标准按照 GB/T 1.1—2009 给出的规则起草。

本标准代替 NY/T 1830—2009《拖拉机和联合收割机安全监理检验技术规范》。与 NY/T 1830—2009 相比,除编辑性修改外主要技术变化如下:

——修改了范围(见 1,2009 年版的 1);

——修改了规范性引用文件(见 2,2009 年版的 2);

——增加了术语和定义(见 3.1、3.2、3.3、3.4、3.5);

——修改了检验项目(见 4、表 1,2009 年版的 4);

——删除了检验指标分类(见 2009 年版的 4);

——修改了拖拉机和联合收割机安全技术检验项目分类,增加了"拖拉机运输机组""其他类型拖拉机""联合收割机"3 种适用类型,将检验项目调整为"唯一性检查""外观检查""安全装置检查""底盘检验""作业装置检验""制动检验""前照灯检验"7 类检验项目(见 4、表 1,2009 年版的 4);

——增加了送检拖拉机和联合收割机的基本要求(见 5.1.2);

——修改了检验流程(见 5、图 1,2009 年版的 3、图 1、图 2);

——修改了检验方法,将安全检验的外观检查、运转检验合并(见 5、表 2,2009 年版的 4、表 2、表 3);

——修改了检验要求,删除了外观检查的系统部件、零部件、报警器、机架、前后桥、发动机支架、燃料箱等检查项目,删除了运转检查的仪表、刮水器、液压管路等检查项目,新增了作业装置检验等检查项目(见 6,2009 年版的表 1、表 2、表 3);

——增加了用充分发出的平均减速度检验制动性能,增加了用不同初速度下的制动距离检验制动性能(见表 3、表 4、表 5、表 6,2009 年版的表 5、表 6);

——调整了"前照灯检验"范围为拖拉机运输机组,删除了前照灯性能检验近光照射位置(见表 1、6.7,2009 年版的 4.4.4);

——删除了"烟度检验"(见 2009 年版的 4.4.5);

——删除了"喇叭声级检验"(见 2009 年版的 4.4.6);

——修改了审核和出具检验报告,调整为检验结果处置(见 7,2009 年版的 5);

——删除了附录 A 检验设备及工具(见 2009 年版的附录 A);

——增加了附录 A 外廓尺寸测量(见附录 A);

——修改了附录 B 拖拉机制动性能台试测量方法,调整为制动性能检验(见附录 B);

——删除了附录 E 烟度测量方法(见 2009 年版的附录 E);

——删除了附录 F 喇叭声级测量方法(见 2009 年版的附录 F);

——修改了附录 G 拖拉机联合收割机安全技术检验记录单(人工检验部分)、附录 H 拖拉机安全技术检验报告、附录 I 联合收割机安全技术检验报告,合并为《拖拉机和联合收割机安全技术检验合格证明》(见附录 E,2009 年版的附录 G、附录 H、附录 I)。

本标准由农业农村部农业机械化管理司提出。

本标准由全国农业机械标准化技术委员会农业机械化分技术委员会(SAC/TC 201/SC 2)归口。

本标准起草单位:江苏省农业机械安全监理所、农业农村部农机监理总站、南京农业大学、江苏大学、湖州金博电子有限公司、常州东风农机集团有限公司、江苏农垦农发公司临海分公司、山东科大微机应用研究所有限公司。

本标准主要起草人:唐向阳、王桂显、周宝银、张国凯、白艳、李东、袁建明、骆坚、孙本领、鄢云林、蔡勇、万丽、杨云涛、毕海东、王聪玲、吴国强、花登峰、姜宜琛、杜友。

本标准所代替标准的历次版本发布情况为:

——NY/T 1830—2009。

拖拉机和联合收割机安全技术检验规范

1 范围

本标准规定了拖拉机和联合收割机安全检验的术语和定义、检验项目、检验方法、检验要求和检验结果处置。

本标准适用于对拖拉机和联合收割机进行安全技术检验。

注:联合收割机是指谷物联合收割机,包括稻麦联合收割机和玉米联合收割(获)机。

2 规范性引用文件

下列文件对于本文件的应用是必不可少的。凡是注日期的引用文件,仅注日期的版本适用于本文件。凡是不注日期的引用文件,其最新版本(包括所有的修改单)适用于本文件。

GB 7258 机动车运行安全技术条件

GB 16151.1 农业机械运行安全技术条件 第 1 部分:拖拉机

GB 16151.5 农业机械运行安全技术条件 第 5 部分:挂车

GB 16151.12 农业机械运行安全技术条件 第 12 部分:谷物联合收割机

NY 345.1 拖拉机号牌

NY 345.2 联合收割机号牌

NY/T 2187 拖拉机号牌座设置技术要求

NY/T 2188 联合收割机号牌座设置技术要求

NY/T 2612 农业机械机身反光标识

3 术语和定义

GB 7258、GB 16151.1、GB 16151.5、GB 16151.12 界定的以及下列术语和定义适用于本文件。

3.1

唯一性检查 identify inspection

对拖拉机和联合收割机的号牌号码、类型、品牌型号、机身颜色、发动机号码、底盘号/机架号、挂车架号码和外廓尺寸进行检查,以确认送检拖拉机和联合收割机的唯一性。

3.2

注册登记检验 registration inspection

对申请注册登记的拖拉机和联合收割机进行的安全技术检验。

3.3

在用机检验 inspection for in-use tractor and combine-harvester

对已注册登记的拖拉机和联合收割机进行的安全技术检验。

3.4

底盘检验 chassis inspection

对送检拖拉机和联合收割机的传动系、行走系、转向系、制动系等进行的定性检验。

3.5

作业装置检验 operating equipment inspection

对拖拉机的液压系统及悬挂牵引装置进行的安全技术检验。

对联合收割机的液压系统、悬挂及牵引装置,割台装置,传动与输送装置,脱粒清选装置,剥皮装置,秸秆切碎装置进行的安全技术检验。

4 检验项目

拖拉机和联合收割机安全技术检验项目见表 1。

表 1 拖拉机和联合收割机安全技术检验项目

序号	检验项目		适用类型		
			拖拉机运输机组	其他类型拖拉机	联合收割机
1	唯一性检查	号牌号码*	●	●	●
		类型*	●	●	●
		品牌型号*	●	●	●
		机身颜色*	●	●	●
		发动机号码*	●	●	●
		底盘号/机架号*	●	●	●
		挂车架号码*	●	—	—
		外廓尺寸*	●	●	●
2	外观检查	照明及信号装置	●	●	●
		标识、标志	●	●	●
		后视镜*	●	○	●
		号牌座、号牌及号牌安装*	●	●	●
		挂车放大牌号*	●	—	—
3	安全装置检查	驾驶室*	○	○	○
		防护装置*	●	●	●
		后反射器*	●	○	●
		灭火器*	○	○	○
4	底盘检验	传动系	●	●	●
		行走系	●	●	●
		转向系	●	●	●
		制动系	●	●	●
5	作业装置检验	液压系统、悬挂及牵引装置	○	○	
		割台装置	—	—	●
		传动与输送装置	—	—	●
		脱粒清选装置	—	—	○
		剥皮装置	—	—	○
		秸秆切碎装置	—	—	○
6	制动检验	制动性能	●	○	○
7	前照灯检验	前照灯性能	●	—	—

注 1："其他类型拖拉机"包括轮式拖拉机、手扶拖拉机、履带拖拉机。

注 2："●"表示适用于该类型，"○"表示该检验项目适用于该类型的部分机型。

注 3：带有"*"标注的项目为拖拉机和联合收割机查验项目。查验是依据《拖拉机和联合收割机登记规定》《拖拉机和联合收割机登记工作规范》，对拖拉机和联合收割机相关项目的核查、确认。

5 检验方法

5.1 一般规定

5.1.1 检验流程

拖拉机和联合收割机安全技术检验流程见图 1。可根据实际情况适当调整检验流程。

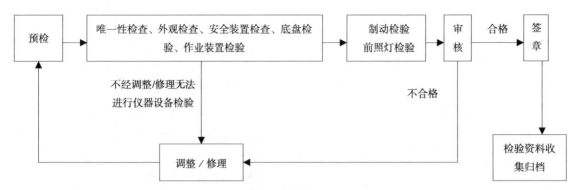

图 1 拖拉机和联合收割机安全技术检验流程

5.1.2 基本要求

5.1.2.1 送检拖拉机和联合收割机应清洁,无漏油、漏水、漏气现象,轮胎完好,发动机应运转平稳、怠速稳定,无异响;装有电控柴油机和机载诊断系统(OBD)的,不应有与驾驶操作安全相关的故障信息。发电机、启动装置完好;各仪表信号正常;常温下,电启动时,最多 3 次应能启动发动机,每次启动时间不超过 5 s,每次间隔时间不少于 2 min。对达不到以上基本要求的送检拖拉机和联合收割机,应告知送检人整改,符合要求后再进行安全技术检验。

5.1.2.2 在用拖拉机和联合收割机检验时,应提供送检拖拉机和联合收割机的行驶证。拖拉机运输机组,还应提供有效的交通事故责任强制保险凭证。

5.2 检验方法

拖拉机和联合收割机安全技术检验方法见表 2。

表 2 拖拉机和联合收割机安全技术检验方法

序号	检验项目		检验方法
1	唯一性检查	号牌号码	目视比对检查
		类型	
		品牌型号	
		机身颜色	
		发动机号码	
		底盘号/机架号	
		挂车架号码	
		外廓尺寸	测量
2	外观检查	照明及信号装置	目测检查操作检查
		标识、标志	
		后视镜	
		号牌座、号牌及号牌安装	
		挂车放大牌号	
3	安全装置检查	驾驶室	目测检查
		防护装置	
		后反射器	
		灭火器	
4	底盘检验	传动系	目测、耳听、操作感知、测量和运转检查
		行走系	
		转向系	
		制动系	
5	作业装置检验	液压系统、悬挂及牵引装置	目测和运转检查
		割台装置	
		传动与输送装置	
		脱粒清选装置	
		剥皮装置	
		秸秆切碎装置	

表2（续）

序号	检验项目		检验方法
6	制动检验	制动性能	路试、台试检验（见附录 B）
7	前照灯检验	前照灯性能	前照灯检测仪检验（见附录 D）

6 检验要求

6.1 唯一性检查

6.1.1 号牌号码、类型、品牌型号、机身颜色

6.1.1.1 注册登记检验时，拖拉机和联合收割机的类型、品牌型号、机身颜色应与出厂合格证或进口凭证一致。

6.1.1.2 在用机检验时，拖拉机和联合收割机的号牌号码、类型、品牌型号应与行驶证签注的内容一致，机身颜色应与行驶证上的照片相符。

6.1.2 发动机号码、底盘号/机架号、挂车架号码

6.1.2.1 注册登记检验时，拖拉机和联合收割机的发动机号码、底盘号/机架号、挂车架号码应与出厂合格证或进口凭证一致，且不应出现被凿改、挖补、打磨、擅自重新打刻等现象。

6.1.2.2 在用机检验时，拖拉机和联合收割机的发动机号码、底盘号/机架号、挂车架号码应与行驶证签注的内容一致，且不应出现被凿改、挖补、打磨、擅自重新打刻等现象。

6.1.3 外廓尺寸

6.1.3.1 拖拉机运输机组的外廓尺寸不得超出 GB 16151.1 规定的限值。

6.1.3.2 注册登记检验时，拖拉机和联合收割机的外廓尺寸应与出厂合格证或进口凭证相符。

6.1.3.3 在用机检验时，拖拉机和联合收割机的外廓尺寸应与行驶证签注的内容相符。

6.1.3.4 外廓尺寸的误差应不超过±5%。

6.2 外观检查

6.2.1 照明及信号装置

6.2.1.1 灯具应齐全完好。

6.2.1.2 电器导线均应捆扎成束，固定卡紧，接头牢靠并有绝缘封套。

6.2.1.3 信号装置齐全有效、喇叭性能正常。

6.2.2 标识、标志

6.2.2.1 操作标识应齐全完好。

6.2.2.2 易发生危险的部位应设有安全警示标志且齐全完好。

6.2.2.3 拖拉机运输机组应粘贴或安装反光标识，反光标识应符合 NY/T 2612 的规定。

6.2.3 后视镜

后视镜应齐全完好。

6.2.4 号牌座、号牌及号牌安装

6.2.4.1 号牌座、号牌及固封装置应符合 NY/T 2187、NY/T 2188、NY 345.1、NY 345.2 的规定。

6.2.4.2 号牌应齐全，表面应清晰完整，不应有明显的开裂、折损等缺陷。

6.2.4.3 号牌应使用号牌专用固封装置固定，固封装置应齐全、安装牢固。

6.2.5 挂车放大牌号

挂车后部应喷涂放大的牌号，字样应端正、清晰。

6.3 安全装置检查

6.3.1 驾驶室

驾驶室视野良好，挡风玻璃及门窗玻璃应为安全玻璃，雨刮器灵敏有效；配置安全框架的，安全框架应齐全完好；拖拉机运输机组、轮式联合收割机应配备警告标志牌。

6.3.2 防护装置

6.3.2.1 旋转部位防护装置

风扇、皮带轮(含飞轮皮带轮)、飞轮、动力输出轴等外露旋转部位应有安全防护装置且完好。

6.3.2.2 隔热防护装置

消声器、排气管处应有隔热防护装置且完好。

6.3.2.3 挂车防护网

全挂挂车的车厢底部至地面距离大于 800 mm 时,应在前后轮间外侧装置防护网(架);本身结构已能防止行人和骑车人等卷入的除外。

6.3.3 后反射器

后反射器应齐全完好。

6.3.4 灭火器

灭火器应符合 GB 16151.1、GB 16151.12 的规定。

6.4 底盘检验

6.4.1 传动系

6.4.1.1 换挡操纵应平顺,不乱挡、不脱挡。

6.4.1.2 分动器、驱动桥、动力输出轴装置运转平稳,无异响。

6.4.1.3 离合器分离彻底、接合平稳可靠,不打滑、不抖动。

6.4.2 行走系

6.4.2.1 同轴两侧应装同一型号规格的轮胎。轮胎的胎面、胎壁应无长度超过 25 mm 或深度足以暴露轮胎帘布层的破裂和割伤,无其他影响使用的缺损、异常磨损和变形。轮胎气压应符合技术要求。轮毂、轮辋、辐板、锁圈应无明显裂纹、无影响安全的变形。履带无裂纹、无变形;驱动轮、履带、导轨等部位应无顶齿及脱轨现象。前轮前束、履带张紧度应符合技术要求。

6.4.2.2 直线行驶时,不应有明显摆动、抖动、跑偏等异常现象。

6.4.3 转向系

转向垂臂、转向节臂及纵、横拉杆应连接可靠不变形,球头间隙及前轮轴承间隙适当,不应有明显松旷现象;转向盘最大自由转动量应不大于 30°;转向灵活,操纵方便,无阻滞现象。

6.4.4 制动系

制动系应无擅自改动,各部应齐全完好、紧固牢靠;制动管路应无泄漏。

6.5 作业装置检验

6.5.1 液压系统、悬挂及牵引装置

6.5.1.1 液压系统应工作平稳,定位及回位正常。

6.5.1.2 在工作状态下,液压系统应无泄漏、无异响。

6.5.1.3 悬挂及牵引装置牢固,各调整装置、安全链、插销、锁销应齐全完好。

6.5.2 割台装置

割台升降灵活;切割与喂入、摘穗装置运转平稳可靠,无异响;割台提升油缸安全支架应齐全完好。

6.5.3 传动与输送装置

各传动皮带、链条无明显松动,安全离合器、输送搅龙、链扒运转平稳可靠、无异响。

6.5.4 脱粒清选装置

脱粒滚筒、清选筛、风扇等运转平稳可靠、无异响。

6.5.5 剥皮装置

剥皮装置、剥皮辊、压送器运行平稳可靠、无异响。

6.5.6 秸秆切碎装置

切碎刀辊安装牢靠、运转平稳可靠、无异响。

6.6 制动检验

6.6.1 制动性能

6.6.1.1 路试检验

6.6.1.1.1 用充分发出的平均减速度检验制动性能

拖拉机、轮式联合收割机在规定的初速度下急踩制动时充分发出的平均减速度、制动协调时间及制动稳定性要求应符合表3的规定。

表 3　制动减速度和制动稳定性要求

机械类型	充分发出的平均减速度 m/s²	制动协调时间 s	试验通道宽度ᵃ m
轮式拖拉机	≥3.55	液压制动≤0.35	3.0
轮式拖拉机运输机组	≥3.55	机械制动≤0.35	3.0
手扶拖拉机运输机组ᵇ	≥3.55	气压制动≤0.60	2.3
轮式联合收割机	≥3.55	运输机组≤0.53	机宽(m)+0.5

　　ᵃ　对机宽大于 2.55 m 的拖拉机，其试验通道宽度（单位:m）为"机宽(m)+0.5"。
　　ᵇ　手扶变型运输机制动协调时间按照机械制动的要求执行。

6.6.1.1.2 用制动距离检验制动性能

轮式拖拉机、轮式拖拉机运输机组在不同的初速度下，其空载检验制动距离应不大于表4规定的限值。试验通道宽度应符合表3的规定。

表 4　轮式拖拉机、轮式拖拉机运输机组空载检验制动距离要求

制动初速度 km/h	20	21	22	23	24	25	26	27	28	29
制动距离ᵃ m 轮式拖拉机	6.40	6.95	7.52	8.11	8.72	9.36	10.02	10.70	11.40	12.12
轮式拖拉机运输机组	6.00	6.53	7.08	7.65	8.24	8.86	9.50	10.15	10.83	11.54

　　ᵃ　当初速度为 20 km/h～29 km/h 的非整数时，修约到整数，按修约后的初速度所对应的制动距离作为其限值。

手扶拖拉机运输机组在不同的初速度下，其空载检验制动距离应不大于表5规定的限值。试验通道宽度应符合表3的规定。

表 5　手扶拖拉机运输机组空载检验制动距离要求

制动初速度 km/h	15	16	17	18	19	20
制动距离ᵃ m 手扶拖拉机运输机组	3.90	4.34	4.79	5.27	5.77	6.29
其中:手扶变型运输机	4.06	4.50	4.97	5.46	5.97	6.50

　　ᵃ　当初速度为 15 km/h～20 km/h 的非整数时，修约到整数，按修约后的初速度所对应的制动距离作为其限值。

轮式联合收割机在不同的初速度下，其制动距离应不大于表6规定的限值。试验通道宽度应符合表3的规定。

表 6　轮式联合收割机制动距离要求

制动初速度 km/h	15	16	17	18	19	20	21	22	23	24
制动距离ᵃ m	3.90	4.34	4.79	5.27	5.77	6.29	6.83	7.40	7.99	8.59

　　ᵃ　当初速度在 15 km/h～24 km/h 的非整数时，修约到整数，按修约后的初速度所对应的制动距离作为其限值。

6.6.1.1.3 合格评定要求

路试制动性能检验如符合 6.6.1.1.1 或 6.6.1.1.2 的规定，即为合格。不合格的，经调整修理后，重

新检验。

6.6.1.2 台试检验

6.6.1.2.1 轮式拖拉机和手扶拖拉机运输机组在制动检验台上测出的轴制动率、轴制动不平衡率和整机制动率应符合表7的规定。

表 7 拖拉机制动性能台试检查项目、技术要求

机械类型	轴制动率	轴制动不平衡率	整机制动率
轮式拖拉机	测得的左、右轮最大制动力之和与该轴动态轴荷的百分比应不小于60%	在制动力增长全过程中同时测得的左、右轮制动力差的最大值,与全过程中测得的该轴左、右轮最大制动力中大者之比,对于前轴应不大于20%,对于后轴(或其他轴)应不大于24%	测得的各轮最大制动力之和与该机各轴静态轴荷之和的百分比。手扶拖拉机运输机组应不小于35%,轮式拖拉机应不小于60%
手扶拖拉机运输机组			

6.6.1.2.2 合格评定要求

台试制动性能检验如符合6.6.1.2.1的规定,即为合格。不合格的,经调整修理后,重新检验。

6.6.1.3 制动性能检验结果的评定要求和复核

拖拉机、联合收割机的制动性能检验只要符合路试检验、台试检验中的任一种要求,即评定为合格。对台试检验结果有异议的,按路试检验复检。不合格的,经调整修理后,重新检验。

6.7 前照灯检验

远光发光强度:拖拉机运输机组注册登记检验时,标定功率大于18 kW两灯制的大于8 000 cd,标定功率不大于18 kW的大于6 000 cd;在用机检验时,标定功率大于18 kW两灯制的大于6 000 cd,标定功率不大于18 kW的大于5 000 cd。一灯制的大于5 000 cd,四灯制的两只对称的灯应符合两灯制的要求。

7 检验结果处置

7.1 检验结果的评判

检验结果按照GB 16151.1、GB 16151.5、GB 16151.12的规定进行判定。授权签字人应逐项确认检验结果并签注检验结论。检验结论分为合格、不合格。送检拖拉机和联合收割机所有检验项目的检验结果均合格的,判定为合格;否则,判定为不合格。

7.2 检验合格或不合格处置

安全技术检验机构应出具《拖拉机和联合收割机安全技术检验合格证明》(见附录E)。检验不合格的,应注明所有不合格项目,并告知送检人整改。

附　录　A

（规范性附录）

外廓尺寸测量

A.1　检验工具

钢卷尺、水平尺、铅垂。

A.2　检验方法

A.2.1　长度、宽度的测量

将拖拉机、联合收割机停放在平整、硬实的地面上,在其前后和两侧突出位置,使用铅垂在地面上画出"十"字标记。为防止拖拉机、联合收割机前后突出位置不在同一中心线上,影响测试准确度,可将拖拉机、联合收割机移走,在地面的长宽标记点上分别画出平行线,在地面形成一个长方形框架(可用对角线进行校正)找出中心位置,用钢卷尺分别测出长和宽的直线距离,作为拖拉机或联合收割机的长和宽,如图A.1、图A.2、图A.3、图A.4所示。

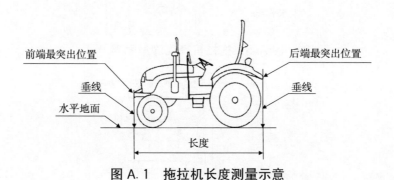

图 A.1　拖拉机长度测量示意

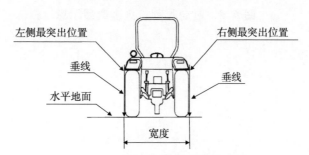

图 A.2　拖拉机宽度测量示意

图 A.3　联合收割机长度测量示意

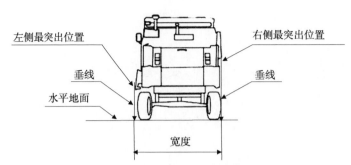

图 A.4　联合收割机宽度测量示意

A.2.2　高度的测量

将拖拉机、联合收割机停放在平整、硬实的地面上,将水平尺放在其最高处并且保持与地面水平。在水平尺一端点用铅垂到地面画出"十"字标记,用钢卷尺测量水平尺该端点与地面"十"字标记之间的距离示值,作为拖拉机或联合收割机的高,如图 A.5、图 A.6 所示。

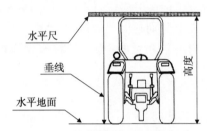

图 A.5　拖拉机高度测量示意

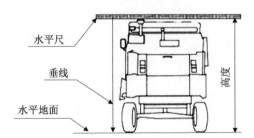

图 A.6　联合收割机高度测量示意

附 录 B

（规范性附录）

制 动 性 能 检 验

B.1 检验工具

卫星定位制动性能检测仪、激光制动性能检测仪、便携式制动性能测试仪、第五轮仪、平板式制动检验台、滚筒反力式制动检验台等。

B.2 检验前准备

B.2.1 气压制动的拖拉机，储气筒压力应能保证各轴制动力测试完毕时，气压仍不低于起步气压（未标起步气压者，按 400 kPa 计）。

B.2.2 液压制动的拖拉机，在运转检验过程中，如发现踏板沉重，应将踏板力计装在制动踏板上。

B.3 路试制动检验

B.3.1 行车制动

B.3.1.1 路试制动性能检验应在纵向坡度不大于 1‰，轮胎与路面之间的附着系数应不小于 0.7 的平坦、干燥、清洁的硬路面上进行。

B.3.1.2 在试验路面上，按照 GB 16151.1 的规定划出试验通道的边线，被测拖拉机和联合收割机沿着试验通道的中线行驶。

B.3.1.3 轮式拖拉机以 20 km/h～29 km/h（手扶拖拉机运输机组以 15 km/h～20 km/h）的初速度行驶时，置变速器于空挡，急踩制动，使拖拉机停止，使用卫星定位制定性能检测仪、激光制动性能检测仪或第五轮仪等设备测量充分发出的平均减速度、制动协调时间或制动距离，并检查拖拉机有无驶出试验通道。

B.3.1.4 轮式联合收割机以 15 km/h～24 km/h（低于 20 km/h 的按该机最高速度）的初速度行驶时，置变速器于空挡，急踩制动，使联合收割机停止，使用卫星定位制定性能检测仪、激光制动性能检测仪或第五轮仪等设备测量充分发出的平均减速度、制动协调时间或制动距离，并检查联合收割机有无驶出试验通道。

B.3.1.5 无检测仪器的，采用人工测量法。当拖拉机、轮式联合收割机行驶至起点位置时，急踩制动，使其停止，测量起点位置至停止位置的距离，并检查有无驶出试验通道。

B.4 台试制动检验

B.4.1 用平板式制动检验台检验

B.4.1.1 将被检拖拉机以 5 km/h～10 km/h 的速度驶上检验台。

B.4.1.2 当被测试轮均驶上检验台时，急踩制动，使拖拉机停止在测试区，测得各轮的动态轴荷、静态轴荷、最大轮制动力等数值。

B.4.1.3 按照附录 C 中 C.1 的规定计算各轴的制动率、轴制动不平衡率和整机制动率等指标。

B.4.2 用滚筒反力式制动检验台检验

B.4.2.1 滚筒反力式制动检验台仅适用于检验装有平花胎的拖拉机。

B.4.2.2 被检拖拉机正直居中行驶，各轴依次停放在轴重仪上，分别测出静态轴荷。

B.4.2.3 被检拖拉机正直居中行驶，将被测试车轮停放在滚筒上，变速器置于空挡，起动滚筒电机，在 2 s

后开始测试。

B.4.2.4 检验员按指示(或按厂家规定的速率)将制动踏板踩到底(或在装踏板力计时踩到制动性能检验时规定的制动踏板力),测得左右车轮制动力增长全过程的数值及左右车轮最大制动力,并依次测试各车轴。按 C.2 的规定计算各轴制动率、轴制动不平衡率和整机制动率等指标。

B.4.2.5 为防止被检拖拉机在滚筒反力式制动检验台上后移,可在非测试车轮后方垫三角垫块或采取整机牵引的方法。

附　录　C
（规范性附录）
制动性能参数计算方法

C.1　用平板式制动检验台检验时

C.1.1　轴制动率为测得的该轴左、右轮最大制动力之和与该轴动态轴荷的百分比,动态轴荷取制动力最大时刻的左、右轮荷之和。

C.1.2　以同轴任一轮产生抱死滑移或左、右轮均达到最大制动力时为取值终点,取制动力增长过程中测得的同时刻左、右轮制动力差的最大值为制动力差的最大值,用该值除以左、右轮最大制动力中的大值,得到轴制动不平衡率。

C.1.3　整机制动率为测得的各轮最大制动力之和与该机各轴静态轴荷之和的百分比。

C.2　用滚筒反力式制动检验台检验时

C.2.1　轴制动率为测得的该轴左、右轮最大制动力之和与该轴静态轴荷的百分比。

C.2.2　以同轴任一轮产生抱死滑移或左、右轮均达到最大制动力时为取值终点,取制动力增长过程中测得的同时刻左、右轮制动力差的最大值为制动力差的最大值,用该值除以左、右轮最大制动力中的大值,得到轴制动不平衡率。

C.2.3　整机制动率为测得的各轮最大制动力之和与该机各轴静态轴荷之和之百分比。

附　录　D

（规范性附录）

拖拉机运输机组前照灯性能测量方法

D.1　拖拉机运输机组应行驶至规定的检测处,其纵向轴线应与引导线平行。

D.2　拖拉机运输机组应处于充电状态,并开启前照灯。

D.3　开启前照灯检测仪,对准被检前照灯,测量其远光发光强度。

D.4　检验四灯制前照灯时,应遮蔽非检测的前照灯。

附 录 E

（规范性附录）

拖拉机和联合收割机安全技术检验合格证明

号牌号码：			类型：				
生产日期：	年 月		注册登记日期： 年 月 日		检验日期： 年 月 日		
检验项目		判定	检验项目				判定
唯一性检查	1. 号牌号码		6. 底盘号/机架号				
	2. 类型		7. 挂车架号码				
	3. 品牌型号		8. 外廓尺寸				
	4. 机身颜色		参数记录（长×宽×高）(mm)： 外廓尺寸 _____×_____×_____				
	5. 发动机号码						
外观检查	9. 照明及信号装置		底盘检验	18. 传动系			
	10. 标识、标志			19. 行走系			
	11. 后视镜			20. 转向系			
	12. 号牌座、号牌及号牌安装			21. 制动系			
	13. 挂车放大牌号		作业装置检验	22. 液压系统、悬挂及牵引装置			
安全装置检查	14. 驾驶室			23. 割台装置			
	15. 防护装置			24. 传动与输送装置			
	16. 后反射器			25. 脱粒清选装置			
	17. 灭火器			26. 剥皮装置			
				27. 秸秆切碎装置			
制动检验	28. 制动性能		前照灯检验	29. 前照灯性能			
序号	不合格项（填写编号和名称）		不合格项目说明				
检验结论			合格（ ） 不合格（ ）				
检验员签字：			送检人签字：				
注:判定栏中填"√"为合格,填"×"为不合格,填"—"表示不适用于送检机。							

拖拉机和联合收割机照片粘贴区
发动机号码拓印膜粘贴区
底盘号/机架号、挂车架号码拓印膜粘贴区
制动性能检验 检验报告粘贴区
前照灯检验 检验报告粘贴区

ICS 65.060.10
T 60

中华人民共和国农业行业标准

NY/T 2207—2019
代替 NY/T 2207—2012

轮式拖拉机能效等级评价

Level evaluation of energy efficiency for wheeled tractor

2019-08-01 发布

2019-11-01 实施

中华人民共和国农业农村部 发布

前　言

本标准按照 GB/T 1.1—2009 给出的规则起草。

本标准代替 NY/T 2207—2012《轮式拖拉机能效等级评价》。与 NY/T 2207—2012 相比,除编辑性修改外主要技术变化如下:

——修改了范围的部分内容(见 1,2012 版的 1);

——修改了规范性引用文件(见 2,2012 版的 2);

——修改了术语和定义,增加了"标准配重""中耕拖拉机",删除了"柴油机标定工况能效比""柴油机加权能效比""额定能效等级";

——增加了产品技术规格(见 4.1);

——修改了能效限值(见表 1,见 2012 版的表 2);

——修改了能效比限值(见表 2,见 2012 版的表 3);

——修改了试验方法的有关内容(见 5.1、5.2、5.3,见 2012 版的表 5.1、5.2、5.3);

——增加了尿素消耗率的记录要求(见 5.4);

——修改了能效等级评价的有关内容(见 6.1、6.2、6.3 和表 4,见 2012 版的 6 和 7);

——增加了检验报告内容(见 7);

——删除了能效等级标注(见 2012 版的 8);

——增加了附录 A。

本标准由农业农村部农业机械化管理司提出。

本标准由全国农业机械标准化技术委员会农业机械化分技术委员会(SAC/TC 201/SC 2)归口。

本标准起草单位:农业农村部农业机械试验鉴定总站、江苏悦达智能农业装备有限公司、江苏省农业机械试验鉴定站、黑龙江省农业机械试验鉴定站、吉林省农业机械试验鉴定站、山东省农业机械试验鉴定站、江苏现代农业装备科技示范中心、中国一拖集团有限公司、四川川龙拖拉机制造有限公司、约翰迪尔(天津)有限公司、山东五征集团有限公司。

本标准主要起草人:彭鹏、耿占斌、宋英、白学峰、王庆厚、张本领、祝添禄、许凯、曲桂宝、赵泽明、桑春晓、孔华祥、廖汉平、魏涛、张兴、王利军、王侠民、卢建强、郭雪峰。

本标准所代替标准的历次版本发布情况为:

——NY/T 2207—2012。

轮式拖拉机能效等级评价

1 范围

本标准规定了轮式拖拉机能效的术语和定义、技术要求、试验方法、能效等级评价、检验报告内容。

本标准适用于以柴油机为动力的农业轮式拖拉机（以下简称拖拉机）。

2 规范性引用文件

下列文件对于本文件的应用是必不可少的。凡是注日期的引用文件，仅注日期的版本适用于本文件。凡是不注日期的引用文件，其最新版本（包括所有的修改单）适用于本文件。

GB/T 3871.3　农业拖拉机　试验规程　第3部分：动力输出轴功率试验

GB/T 3871.9—2006　农业拖拉机　试验规程　第9部分：牵引功率试验

GB/T 6960(所有部分)　拖拉机术语

JB/T 9831　农林拖拉机　型号编制规则

3 术语和定义

GB/T 6960界定的以及下列术语和定义适用于本文件。

3.1

能源效率(N)　energy efficiency

单位燃油消耗量所能输出的功，简称能效。

3.2

加权能效(N_{ew})　weighted energy efficiency

8工况循环试验时，测得的各工况功率分别乘以其对应的加权系数后的累加与各工况每小时燃料消耗量分别乘以其对应的加权系数后的累加的比值。

注：8工况及加权系数见表3。

3.3

能效限值(N_x)　energy efficiency limit

所允许的最低能效值。

3.4

能效比(η)　energy efficiency ratio

在特定工况下实测能效与该工况能效限值的比值。

3.5

动力输出轴标定工况能效比(η_{db})　energy efficiency ratio of PTO shaft in rated engine speed

柴油机标定转速时动力输出轴最大功率工况实测能效与该工况能效限值的比值。

3.6

动力输出轴加权能效比(η_{dw})　weighted energy efficiency ratio of PTO shaft

拖拉机动力输出轴按表3规定的8工况循环试验加权实测能效与该8工况循环试验加权能效限值的比值。

3.7

牵引能效比(η_q)　traction energy efficiency ratio

拖拉机最大牵引功率工况实测能效与该工况能效限值的比值。

3.8

能效比限值(η_x)　allowable values of energy efficiency ratio

所允许的最低能效比值。

3.9

拖拉机能效等级 tractor energy efficiency grade

拖拉机能效的高低水平。

3.10

中间转速 intermediate speed

在非恒定转速下工作的柴油机，按全负荷扭矩曲线运行时，符合下列条件之一的转速：

a) 如果标定的最大扭矩转速在标定转速的 60%～75%，则中间转速取标定的最大扭矩转速；

b) 如果标定的最大扭矩转速低于标定转速的 60%，则中间转速取额定转速的 60%；

c) 如果标定的最大扭矩转速高于标定转速的 75%，则中间转速取额定转速的 75%。

3.11

标准配重 standard ballast mass

制造商设计确定的基本配置重块，包括前配重、后配重，但不包括液体配重。

3.12

中耕拖拉机 row-crop tractor

用于作物行间中耕管理作业，装最小直径轮胎时，最小离地间隙不小于 600 mm 的轮式拖拉机。

4 技术要求

4.1 产品技术规格

用于能效等级评价的样机应按附录 A 项目进行检查和测量。在产品使用说明书规定的正常使用状态下进行试验。

4.2 能效限值

能效限值见表 1。

表 1 能效限值

功率代号 （马力[a]）	能效项目		
	动力输出轴标定工况能效限值 （N_{dbx}），(kW·h)/kg	动力输出轴加权能效限值 （N_{dwx}），(kW·h)/kg	牵引能效限值（N_{qx}）， (kW·h)/kg
功率代号＜30	3.39	3.01	2.82
30≤功率代号＜50	3.45	3.09	2.86
50≤功率代号＜100	3.45	3.16	2.94
100≤功率代号＜200	3.51	3.24	2.82
200≤功率代号＜300	3.53	3.33	2.82
功率代号≥300	3.57	3.39	2.90
注1：功率代号是 JB/T 9831 拖拉机产品型号中的功率代号。			
注2：能效值与能效限值采用全数值比较法进行判定。			
[a] 1 米制马力≈0.735 kW。			

4.3 能效比限值

能效等级及其对应的能效比限值见表 2。

表 2 能效等级及其对应的能效比限值

能效比项目	能效等级			
	1	2	3	4
动力输出轴标定工况能效比（η_{db}）	$\eta_{db}\geqslant1.15$	$1.10\leqslant\eta_{db}<1.15$	$1.05\leqslant\eta_{db}<1.10$	$1.00\leqslant\eta_{db}<1.05$
动力输出轴加权能效比（η_{dw}）	$\eta_{dw}\geqslant1.15$	$1.10\leqslant\eta_{dw}<1.15$	$1.05\leqslant\eta_{dw}<1.10$	$1.00\leqslant\eta_{dw}<1.05$
牵引能效比（η_q）	$\eta_q\geqslant1.20$	$1.15\leqslant\eta_q<1.20$	$1.08\leqslant\eta_q<1.15$	$1.00\leqslant\eta_q<1.08$
注：能效比值与能效比限值采用全数值比较法进行判定。				

5 试验方法

5.1 按 GB/T 3871.3 规定进行发动机标定转速下最大功率试验(试验时进气阻力、排气背压应不大于排气污染物检验报告中相应最大允许值),测试动力输出轴标定工况燃油消耗量和输出的功率,按式(1)计算动力输出轴标定工况能效值。

$$N = P/G \quad \cdots\cdots\cdots\cdots\cdots (1)$$

式中:

N——能效值,单位为千瓦时每千克$[(kW \cdot h)/kg]$;

P——输出的功率,单位为千瓦(kW);

G——燃油消耗量,单位为千克每小时(kg/h)。

5.2 按 GB/T 3871.3 和表3的规定测试动力输出轴加权燃油消耗量和各工况时的功率,按式(2)计算动力输出轴加权能效值。

表3 8工况循环试验及加权系数

工况号	发动机转速	实测扭矩(最大实测扭矩百分比)	加权系数
1	标定转速	100	0.15
2	标定转速	75	0.15
3	标定转速	50	0.15
4	标定转速	10	0.10
5	中间转速	100	0.10
6	中间转速	75	0.10
7	中间转速	50	0.10
8	怠速	0	0.15

$$N_{ew} = \frac{\sum_{i=1}^{8} P_i \times W_i}{\sum_{i=1}^{8} G_i \times W_i} \quad \cdots\cdots\cdots\cdots\cdots (2)$$

式中:

N_{ew}——按低热值 42 700 kJ/kg 标定的8工况加权能效,单位为千瓦时每千克$[(kW \cdot h)/kg]$;

P_i——各工况时的功率,单位为千瓦(kW);

W_i——各工况加权系数,见表3;

G_i——各工况时测得的燃料消耗量,单位为千克每小时(kg/h)。

5.3 按 GB/T 3871.9—2006 6.1 和 6.2 的规定在带标准配重的状态下进行试验,测试最大牵引功率和最大牵引功率工况下的燃料消耗量,并按式(1)计算牵引能效值,其中中耕拖拉机不考核牵引能效值。

5.4 对于柴油机排放技术采用含选择性催化还原转换器(SCR)的情况,在 5.1、5.2、5.3 试验中,尾气处理液(尿素溶液,以下简称"尿素")的消耗应与燃油消耗量同时测量并记录下来,并按式(3)计算 5.1、5.3 对应工况的尿素消耗率,按式(4)计算 5.2 对应加权工况的尿素消耗率。

$$g_r = 1000 \times R/P \quad \cdots\cdots\cdots\cdots\cdots (3)$$

式中:

g_r——尿素消耗率,单位为克每千瓦时$[g/(kW \cdot h)]$;

R——尿素消耗量,单位为千克每小时(kg/h);

P——输出的功率,单位为千瓦(kW)。

$$g_{rw} = 1000 \times \frac{\sum_{i=1}^{8} R_i \times W_i}{\sum_{i=1}^{8} P_i \times W_i} \quad \cdots\cdots\cdots\cdots\cdots (4)$$

式中：

g_{rw}——8工况加权尿素消耗率,单位为克每千瓦时[g/(kW·h)];

R_i——各工况时测得的尿素消耗量,单位为千克每小时(kg/h);

W_i——各工况加权系数,见表3;

P_i——各工况时的功率,单位为千瓦(kW)。

6 能效等级评价

6.1 样机

样机应为正常批量生产且是12个月以内生产的合格产品。样机由制造商供样,数量为1台。样机由制造商按约定的时间送达指定地点。

6.2 检验项目

检验项目应包括:

a) 发动机标定转速下动力输出轴最大功率(P_{db});

b) 最大牵引功率(P_q);

c) 动力输出轴标定工况能效(N_{db});

d) 动力输出轴加权能效(N_{dw});

e) 牵引能效(N_q)。

6.3 能效等级确定

6.3.1 检验项目 a)、b)满足表4的要求,同时 c)、d)、e)符合表1能效限值要求时,能效判为合格,否则能效判为不合格。

表 4 性能(功率)要求

序号	项　　目	要　　求
1	发动机标定转速下动力输出轴最大功率(P_{db}),kW	≥企业规定值的95%,且≤发动机标定功率(铭牌) 功率代号200(马力)以下的,企业规定值(配备全功率输出轴)不小于发动机标定功率的85%;功率代号200(马力)及以上的,企业规定值(配备全功率输出轴)不小于发动机标定功率的80%
2	最大牵引功率(P_q),kW	≥发动机标定功率的75%

6.3.2 能效等级分为1级、2级、3级、4级共4个等级,其中1级能效最高(能效比最大),4级能效最低(能效比最小)。

6.3.3 按表2评定拖拉机能效等级,以实测的3项能效比中所对应的最低能效等级确定为拖拉机能效等级。

7 检验报告

检验报告应至少包括产品技术规格、试验条件、能效等级评价、尿素消耗率(如有)的相关内容。

附　录　A

（规范性附录）

产品技术规格检查表

产品技术规格检查表见表 A.1。

表 A.1　产品技术规格检查表

项　　目	单位	检查结果
整机型号、名称	—	
整机机架型式	—	□无架　　□半架　　□全架　　□铰接架
整机驱动型式	—	□四驱　　□两驱
整机用途	—	□一般用途　□中耕　□其他
▲整机外廓尺寸(长×宽×高)	mm	
整机最高位置		
▲轴距	mm	
▲轮距(前轮/后轮)	mm	
▲最小离地间隙	mm	
最小离地间隙部位	—	
▲发动机机体后端面至后驱动轴轴心线的水平距离	mm	
★变速箱齿轮副轴孔中心距	mm	
▲最小使用质量	kg	
▲标准配重(前/后)	kg	
挡位数(前进/倒退)	—	
主变速挡位数	—	
副变速挡位数(含爬行挡)	—	
★各前进挡理论速度	km/h	
发动机与主离合器连接方式	—	□直联　□皮带　□_____
翻倾防护装置(驾驶室或安全框架)型号	—	
翻倾防护装置(驾驶室或安全框架)型式	—	□简易驾驶室　□封闭驾驶室　□安全框架
发动机型号	—	
发动机结构型式	—	
发动机生产厂	—	
发动机进气方式	—	
发动机气缸数	—	
发动机标定功率	kW	
发动机额定净功率	kW	
发动机标定转速	r/min	
发动机冷却方式	—	□水冷　□风冷
空气滤清器型号	—	
空气滤清器型式	—	□湿式　□干式
▲排气管消声腔外形尺寸(长×宽×厚或直径×长)	mm	
▲排气管消声腔质量	kg	
转向系型式	—	□机械　　□液压助力　　□全液压
转向系转向机构型式	—	□前轮转向　　□折腰转向　　□其他
★变速箱型式	—	□机械平面组成式 □机械空间组成式 □部分动力换挡(主变速) □全动力换挡 □液压机械无级变速(HMT)

表 A. 1（续）

项　　目	单位	检查结果
主变速箱换挡方式	—	□机械有级　　□动力换挡　　□无级变速
副变速箱换挡方式	—	□机械有级　　□Hi-Lo(2速动力换挡) □动力换向　　□动力换挡 □无　　　　　□其他
轮胎型号（前轮/后轮）	—	
轮胎数量（前轮/后轮）	个	
★轮胎气压（前轮/后轮）	kPa	
动力输出轴花键数目	—	
动力输出轴标准转速	r/min	
★动力输出轴传动比	—	
注1：当消声腔不可拆时，需整体测量排气管（含消声腔）质量。		
注2：带▲的项目为测量项目，带★的项目为制造商声明的技术规格，其他为核对项目。		

ICS 65.060.40
B 91

中华人民共和国农业行业标准

NY/T 2454—2019
代替 NY/T 2454—2013

机动植保机械报废技术条件

Technical requirements of scrapping for power
operated equipment for crop protection

2019-12-27 发布

2020-04-01 实施

中华人民共和国农业农村部 发布

前　言

本标准按照 GB/T 1.1—2009 给出的规则起草。

本标准代替 NY/T 2454—2013《机动喷雾机禁用技术条件》。本标准与 NY/T 2454—2013 相比，除编辑性修改外主要内容变化如下：

——修改了标准名称；

——删除了规范性引用文件(见 2013 版的 2)；

——删除了机动植保机械禁用技术条件和试验方法(见 2013 版的 4 和 5)；

——增加了机动植保机械的报废要求和检测方法(见 2 和 3)。

本标准由农业农村部农业机械化管理司提出。

本标准由全国农业机械标准化技术委员会农业机械化分技术委员会(SAC/TC 201/SC 2)归口。

本标准起草单位：农业农村部南京农业机械化研究所、农业农村部农业机械化管理司、农业农村部农业机械试验鉴定总站、北京东方凯姆质量认证中心。

本标准主要起草人：李良波、赵晓萍、王小丽、刘燕、张井超、范学民、徐子晟、徐贺腾、李伟。

本标准所代替标准的历次版本发布情况为：

——NY/T 2454—2013。

机动植保机械报废技术条件

1 范围

本标准规定了机动植保机械的报废要求和检测方法。

本标准适用于机动植保机械(以下简称喷雾机)。本标准不适用于背负式电动喷雾器。

2 报废要求

具备下列条件之一的喷雾机应报废:

a) 使用年限大于 10 年;

b) 密封性不满足要求,经维修、调整后仍有渗漏现象;

c) 不能正常使用且无法修复;

d) 经调整、维修后,轮式自走式喷雾机不能可靠地停在 20% 的干硬纵向坡道上,履带自走式喷雾机不能可靠地停在 25% 的干硬纵向坡道上;

e) 国家明令淘汰的。

注:使用年限从用户购买月份开始计算。

3 检测方法

3.1 密封性

3.1.1 将喷雾机调整至工作状态,向药箱内加入适量清水,起动喷雾机进行喷雾,时间不少于 3 min,检查各零件及连接处是否密封可靠,有无渗漏现象。

3.1.2 自走式喷雾机密封性除按 3.1.1 条规定试验外,还应在满载状态下,将喷雾机停放在 15% 的干硬坡道上,检查喷雾机在纵向和横向情况下,药液箱有无渗漏现象。

3.1.3 背负式喷雾机密封性除按 3.1.1 条规定试验外,还应向药箱内加满清水并置于平地上,分别向前、后、左、右成 45° 方向倾斜喷雾机,并保持 10 s,检查喷雾机有无渗漏现象。

3.2 自走式喷雾机驻车制动

在空载和满载状态下,将喷雾机驶上相应坡度的干硬坡道上,用驻车制动装置将喷雾机刹住,置变速器操纵杆于空挡位置,发动机熄火,时间不少于 5 min。

ICS 65.060.50
B 91

中华人民共和国农业行业标准

NY/T 3481—2019

根茎类中药材收获机　质量评价
技术规范

Rhizome Chinese medicinal materials harvesters—
Technical specification of quality evaluation

2019-08-01 发布

2019-11-01 实施

中华人民共和国农业农村部 发布

前　言

本标准按照 GB/T 1.1—2009 给出的规则起草。

本标准由农业农村部农业机械化管理司提出。

本标准由全国农业机械标准化技术委员会农业机械化分技术委员会(SAC/TC 201/SC 2)归口。

本标准主要起草单位:甘肃省农业机械化技术推广总站。

本标准主要起草人:石林雄、刘鹏霞、郑晓莉、雷明成、张俊清、王赟、王海。

根茎类中药材收获机 质量评价技术规范

1 范围

本标准规定了根茎类中药材收获机的术语和定义、基本要求、质量要求、检测方法、检验规则。

本标准适用于自走轮式、牵引式、悬挂式根茎类中药材收获机的质量评定。

2 规范性引用文件

下列文件对于本文件的应用是必不可少的。凡是注日期的引用文件，仅注日期的版本适用于本文件。凡是不注日期的引用文件，其最新版本（包括所有的修改单）适用于本文件。

GB/T 2828.11—2008 计数抽样检验程序 第11部分：小总体声称质量水平的评定程序

GB/T 5262 农业机械试验条件 测定方法的一般规定

GB/T 5667 农业机械 生产试验方法

GB/T 9480 农业拖拉机和机械、草坪和园艺动力机械 使用说明书编写规则

GB 10395.1 农林机械 安全 第1部分：总则

GB 10396 农林拖拉机和机械、草坪和园艺动力机械 安全标志和危险图形 总则

GB/T 23821 机械安全 防止上下肢触及危险区的安全距离

JB/T 6268 自走式收获机械 噪声测定方法

JB/T 9832.2—1999 农林拖拉机及机具 漆膜 附着性能测定方法 压切法

3 术语和定义

下列术语和定义适用于本文件。

3.1

根茎类中药材收获机 rhizome Chinese medicinal materials harvester

用于根茎类中药材收获的机具，分为挖掘机和联合收获机。

3.2

根茎类中药材挖掘机 rhizome Chinese medicinal materials digger

完成根茎类中药材挖掘，并将根茎与土壤分离、铺放或集条于地表的机具。

3.3

根茎类中药材联合收获机 rhizome Chinese medicinal materials combine harvester

完成根茎类中药材挖掘，并将根茎与土壤分离、分级、收集等的机具。

3.4

挖松率 coefficient of loose rhizome from soil

已挖松动的根茎质量占总根茎质量的百分比。

3.5

明茎率 obvious rate

铺放于地表的根茎质量占总根茎质量的百分比。

3.6

伤损率 damaged rate

主根茎伤损面大于20%的伤损根茎和断裂根茎质量占总根茎质量的百分比。

3.7

挖净率 digging rate

在作业幅宽内挖出的根茎质量占总根茎质量的百分比。

4 基本要求

4.1 质量评价所需的文件资料

对根茎类中药材收获机进行质量评价所需文件资料至少应包括：

a) 产品规格表(见附录 A)；

b) 企业产品执行标准或产品制造验收技术条件；

c) 产品使用说明书；

d) 产品三包凭证；

e) 产品照片 3 张(正前方、正后方、前方 45°各 1 张)。

4.2 主要技术参数核对与测量

依据产品使用说明书、铭牌和企业提供的其他技术文件,对样机的主要技术参数按照表 1 的规定进行核对或测量。

表 1 检测项目与方法

序 号	项 目	方 法
1	规格型号	核对
2	结构型式	核对
3	配套动力范围	核对
4	外形尺寸(长×宽×高)	测量
5	作业幅宽	测量
6	结构质量	测量
7	挖掘铲型式	核对
8	挖掘深度	测量
9	配套动力规格型号	核对
10	配套动力额定功率	核对
11	配套动力额定转速	核对
12	最小转弯半径	测量
13	导向轮轮距	测量
14	驱动轮轮距	测量
注:自走轮式根茎类中药材收获机不填写第 3 项;其他机型填写第 1 项~第 8 项。		

4.3 试验条件

4.3.1 试验样机应按照使用说明书的要求安装并调整到正常工作状态。

4.3.2 试验用动力应选择使用说明书规定的配套动力范围中最接近下限的拖拉机。

4.3.3 主要仪器设备

试验用仪器设备应通过校准或检定合格,并在有效期内。仪器设备的测量范围和准确度要求应符合表 2 的要求。

表 2 主要试验用仪器设备测量范围和准确度要求

序号	测量参数名称	测量范围	准确度要求
1	长度	≥5 m	1 cm
		0 m~5 m	1 mm
		0 μm~200 μm	1 μm
2	质量	0 kg~100 kg	50 g
		0 kg~6 kg	1 g

表 2（续）

序号	测量参数名称	测量范围	准确度要求
3	时间	0 h～24 h	1 s/d
4	温度	−10℃～50℃	1℃
5	环境湿度	0%～90%	5%
6	土壤坚实度	0 MPa～5 MPa	1 kPa
7	噪声	35 dB(A)～130 dB(A)	2 级
8	硬度	20 HRC～70 HRC	1.5 HRC

5 质量要求

5.1 性能要求

根茎类中药材收获机性能指标应符合表 3 的要求。

表 3 性能指标要求

序号	项 目			性能指标			对应的检测方法条款号
				根茎类中药材挖掘机	根茎类中药材联合收获机		
					牵引式(悬挂式)	自走轮式	
1	明茎率,%			≥90	—	—	6.1.3.5
2	挖松率,%			≥95	—	—	6.1.3.6
3	伤损率,%			≤5	≤7	≤7	6.1.3.7 6.1.4.5
4	挖净率,%			—	≥95	≥95	6.1.4.4
5	挖掘深度,mm			不低于设计值的最小值			6.1.5
6	纯工作小时生产率,hm²/h			不低于设计值			6.1.6
7	噪声	动态环境噪声,dB(A)		—	—	≤87	6.1.7
		驾驶员耳位噪声,dB(A)	封闭驾驶室	—	—	≤85	
			普通驾驶室	—	—	≤93	
			无驾驶室(含简易驾驶室)	—	—	≤95	

5.2 安全要求

5.2.1 根茎类中药材收获机的安全要求应符合 GB 10395.1 的要求。

5.2.2 根茎类中药材收获机操作危险处,应有醒目的警示标志,标志应符合 GB 10396 的要求。

5.2.3 外露运动件应有安全防护罩。防护罩应有足够强度、刚度,保证在正常使用中不产生裂缝、撕裂或永久变形。外露部件防护罩的安全距离应符合 GB/T 23821 的要求。

5.2.4 自走轮式根茎类中药材收获机行车制动冷态减速度≥2.94 m/s²,在 20% 的干硬坡道上,使用驻车制动装置,应能沿上下坡方向可靠停住。

5.2.5 自走轮式根茎类中药材收获机上车通道应装有梯子和扶手,驾驶台应安装护栏,各部位应固定牢靠,踏板表面应防滑。梯子护栏的尺寸应符合 GB 10395.1 的要求。

5.2.6 自走轮式根茎类中药材收获机至少应安装作业照明灯 2 只,1 只照向前方,1 只照向作业区;最高行驶速度大于 10 km/h 的自走轮式中药材收获机还应安装前照灯 2 只、前位灯 2 只、后位灯 2 只、前转向信号灯 2 只、后转向信号灯 2 只、停车灯 2 只、制动灯 2 只,应安装行走、倒车喇叭和 2 只后视镜。

5.2.7 自走轮式根茎类中药材收获机驾驶室应视野开阔,设置可开闭的通风窗口,玻璃应采用安全玻璃。

5.2.8 自走轮式根茎类中药材收获机应备有灭火器。

5.3 一般要求

5.3.1 传动箱密封性

机器在额定转速下,进行 1 h 空转磨合。待停机 30 min 后,各动、静结合面应无漏油、渗油。

5.3.2 离合器工作性能

对机器进行试运转,分离部件运动灵活,无卡滞现象。离合器工作应平稳可靠。

5.3.3 空运转

空运转 30 min 后,应启动正常、运转平稳、无异常声响、紧固件无松动。

5.3.4 挖掘铲沉头螺栓

挖掘铲沉头螺栓应不突出工作表面,下凹量应不大于 1 mm。

5.3.5 焊接质量

焊接件的焊缝应平整光滑,不应有漏焊、裂纹、烧穿和焊渣等缺陷。

5.3.6 涂漆和外观质量

机具表面应平整光滑,不应有碰伤、划伤痕迹,无锈蚀、制造等缺陷,涂漆应色泽均匀,不应有露底、起泡、起皱、流挂现象。涂漆厚度应不小于 40 μm。漆膜附着力应达到 JB/T 9832.2—1999 表 1 中 Ⅱ 级或 Ⅱ级以上的要求。

5.4 操作方便性

5.4.1 各操作机构应操作灵活、有效。

5.4.2 调整、保养、更换零部件应方便。

5.4.3 保养点应设计合理,便于操作。

5.5 运输间隙

牵引式应不小于 110 mm,悬挂式应不小于 300 mm。

5.6 使用有效度

根茎类中药材收获机的使用有效度 $K_{18 h}$ 应不小于 95%。

注:$K_{18 h}$ 是指对根茎类中药材收获机样机进行 18 h 可靠性试验的有效度。

5.7 使用说明书

使用说明书应按照 GB/T 9480 的规定编写,至少应包括以下内容:

a) 产品特点及主要用途;

b) 安全警示标志并明确其粘贴位置;

c) 安全注意事项;

d) 产品执行标准及主要技术参数;

e) 结构特征及工作原理;

f) 安装、调整和使用方法;

g) 维护和保养说明;

h) 常见故障及排除方法。

5.8 三包凭证

三包凭证至少应包括以下内容:

a) 产品品牌(如有)、型号规格、购买日期、出厂编号;

b) 生产者名称、联系地址、电话、邮编;

c) 销售者和修理者的名称、联系地址、电话、邮编;

d) 三包项目;

e) 三包有效期(包括整机三包有效期,主要部件质量保证期以及易损件和其他零部件质量保证期,其中整机三包有效期和主要部件质量保证期不得少于 1 年);

f) 主要部件名称;

g) 销售记录(包括销售者、销售地点、销售日期、购机发票号码);

h) 修理记录(包括送修时间、交货时间、送修故障、修理情况、换退货证明);

i) 不承担三包责任的情况说明。

5.9 铭牌

在产品醒目的位置应有铭牌,应至少包括以下内容:

a) 产品名称及型号;

b) 配套动力;

c) 外形尺寸;

d) 整机质量;

e) 产品执行标准;

f) 出厂编号、日期;

g) 制造单位及地址。

5.10 关键零部件质量要求

挖掘铲硬度为 48 HRC～56 HRC。

6 检测方法

6.1 性能试验

6.1.1 试验要求

性能试验测区长度不小于 50 m,两端稳定区长分别不小于 10 m,宽度不小于作业幅宽的 8 倍。试验时,测往返 2 个行程,每个行程随机选 3 个小区。每个小区长 3 m,宽度为机器的作业幅宽。

6.1.2 试验地调查

在试验地采用五点取样法,按照 GB/T 5262 中的规定测定土壤绝对含水率、土壤坚实度、垄高、垄(行)距、株距、行距、作物生长深度等项目,并记录作物的品种、种植方式。

6.1.3 根茎类中药材挖掘机性能指标的测定

6.1.3.1 明茎质量的测定:收集测区内明放和露出地面的根茎,并称其质量。

6.1.3.2 挖松根茎质量的测定:测区内明茎收集后,找出其他已挖掘松动的根茎,并合并称其质量。

6.1.3.3 总根茎质量的测定:收集测区内所有根茎,并称其质量。

6.1.3.4 伤损根茎质量的测定:收集测区内机具作业导致主根茎(毛根茎不在此内计算)伤损面大于 20%的伤损根茎,并称其质量。

6.1.3.5 明茎率按式(1)计算,结果取所有测试小区的平均值。

$$W_1 = \frac{M_1}{M} \times 100 \quad\cdots\cdots\cdots\cdots\cdots\cdots\cdots\cdots\cdots\cdots\cdots\cdots\cdots\cdots \quad (1)$$

式中:

W_1——明茎率,单位为百分率(%);

M_1——明茎质量,单位为千克(kg);

M——挖掘机收集的总根茎质量,单位为千克(kg)。

6.1.3.6 挖松率按式(2)计算,结果取所有测试小区的平均值。

$$W_2 = \frac{M_2}{M} \times 100 \quad\cdots\cdots\cdots\cdots\cdots\cdots\cdots\cdots\cdots\cdots\cdots\cdots\cdots\cdots \quad (2)$$

式中:

W_2——挖松率,单位为百分率(%);

M_2——挖松根茎质量,单位为千克(kg)。

6.1.3.7 伤损率按式(3)计算,结果取所有测试小区的平均值。

$$W_3 = \frac{M_3}{M} \times 100 \quad\cdots\cdots\cdots\cdots\cdots\cdots\cdots\cdots\cdots\cdots\cdots\cdots\cdots\cdots \quad (3)$$

式中:

W_3——伤损率,单位为百分率(%);

M_3——伤损根茎质量,单位为千克(kg)。

6.1.4 根茎类中药材联合收获机性能指标的测定

6.1.4.1 收获根茎质量的测定:样机工作 2 个行程后,收集集药箱中的根茎,并称其质量。

6.1.4.2 总根茎质量的测定:收集测区内所有根茎,并称其质量。

6.1.4.3 伤损根茎质量的测定:收集测区内所有主根茎(毛根茎不在此内计算)伤损面大于 20%的伤损根茎,并称其质量。

6.1.4.4 挖净率式(4)计算。

$$L_1 = \frac{Q_1}{Q} \times 100 \quad\cdots\cdots\cdots\cdots\cdots\cdots\cdots\cdots\cdots\cdots\cdots\cdots\cdots\cdots\cdots\cdots \quad (4)$$

式中:

L_1——挖净率,单位为百分率(%);

Q_1——收获根茎质量,单位为千克(kg);

Q——联合收获机收集的总根茎质量,单位为千克(kg)。

6.1.4.5 伤损率按式(5)计算,结果取所有测试小区的平均值。

$$L_2 = \frac{Q_2}{Q} \times 100 \quad\cdots\cdots\cdots\cdots\cdots\cdots\cdots\cdots\cdots\cdots\cdots\cdots\cdots\cdots\cdots\cdots \quad (5)$$

式中:

L_2——伤损率,单位为百分率(%);

Q_2——伤损根茎质量,单位为千克(kg)。

6.1.5 挖掘深度的测定

作业后,每个行程测定 11 点,在每点的工作幅宽上测定挖掘深度。测定方法:平作地,测出挖掘沟底到地表面的垂直距离,即为挖掘深度;垄作地,则是挖掘沟底至水平基准线垂直距离,减去该点地表至水平基准线的垂直距离,即为挖掘深度。挖掘深度平均值按式(6)计算。

$$H = \frac{\sum_{i=1}^{n} H_i}{n} \quad\cdots\cdots\cdots\cdots\cdots\cdots\cdots\cdots\cdots\cdots\cdots\cdots\cdots\cdots \quad (6)$$

式中:

H——挖掘深度平均值,单位为毫米(mm);

n——测点点数,单位为个;

H_i——第 i 个测点的挖掘深度值,单位为毫米(mm)。

6.1.6 纯工作小时生产率

在测定根茎类中药材收获机使用有效度时,同时测定纯工作小时生产率,纯工作小时生产率按式(7)计算。

$$E = \frac{\sum Z}{\sum T} \quad\cdots\cdots\cdots\cdots\cdots\cdots\cdots\cdots\cdots\cdots\cdots\cdots\cdots\cdots\cdots \quad (7)$$

式中:

E——纯工作小时生产率,单位为公顷每小时(hm^2/h);

Z——查定考核时班次作业量,单位为公顷(hm^2);

T——查定考核时班次纯工作时间,单位为小时(h)。

6.1.7 噪声

自走轮式根茎类中药材收获机动态环境噪声和驾驶员耳位噪声按照 JB/T 6268 的规定测定。

6.2 安全要求

按照 5.2 的规定逐项进行检测或检查,所有子项合格,则该项合格。

6.3 一般要求

按照 5.3 的规定逐项进行检测或检查,所有子项合格,则该项合格。

6.4 操作方便性

按照 5.4 的规定逐项进行检查,所有子项合格,则该项合格。

6.5 运输间隙

根茎类中药材收获机处于运输状态时,测量机具最低点至地面的距离。

6.6 使用有效度

按照 GB/T 5667 的规定进行生产查定考核,对样机进行连续 3 个班次的查定,每个班次作业时间为 6 h。使用有效度按式(8)计算。

$$K_{18\,h} = \frac{\sum T_z}{\sum T_g + \sum T_z} \times 100 \quad \cdots\cdots\cdots\cdots\cdots\cdots\cdots (8)$$

式中:

$K_{18\,h}$——对根茎类中药材收获机样机进行 18 h 可靠性试验的有效度,单位为百分率(%);

T_z ——可靠性考核期间的班次作业时间,单位为小时(h);

T_g ——可靠性考核每班次的故障时间,单位为小时(h)。

6.7 使用说明书

审查使用说明书是否符合 5.7 的要求。

6.8 三包凭证

审查产品三包凭证是否符合 5.8 的要求。

6.9 铭牌

审查铭牌是否符合 5.9 的要求。

6.10 挖掘铲硬度

淬火区内检测 3 点,要求 3 点均应合格,如其中 2 点合格、1 点不合格时,则在该点半径 20 mm 内两侧各补测 1 点,要求补测的 2 点均应合格。

7 检验规则

7.1 检验项目及不合格分类

检验项目按其对产品质量影响的程度分为 A、B、C 三类,不合格项目分类见表 4。

表 4 检验项目及不合格分类表

不合格分类		检验项目	根茎类中药材挖掘机	根茎类中药材联合收获机		对应的质量要求的条款号
类别	序号			牵引式	自走轮式	
A	1	安全要求	√	√	√	5.2
	2	使用有效度	√	√	√	5.6
B	1	明茎率	√	—	—	5.1
	2	挖松率	√	—	—	5.1
	3	伤损率	√	√	√	5.1
	4	挖净率	—	√	√	5.1
	5	挖掘深度	√	√	√	5.1
	6	纯工作小时生产率	√	√	√	5.1
	7	噪声	—	—	√	5.1
C	1	一般要求	√	√	√	5.3
	2	操作方便性	√	√	√	5.4
	3	运输间隙	√	√	—	5.5
	4	使用说明书	√	√	√	5.7
	5	三包凭证	√	√	√	5.8
	6	铭牌	√	√	√	5.9
	7	挖掘铲硬度	√	√	√	5.10

7.2 抽样方案

7.2.1 抽样方案按照 GB/T 2828.11—2008 附录 B 的规定制订,见表5。

表5 抽样方案

检验水平	O
声称质量水平(DQL)	1
检查总体(N)	10
样本量(n)	1
不合格品限定数(L)	0

7.2.2 采用随机抽样,在生产企业近一年内生产且自检合格的产品中随机抽取1台样机,抽样基数为10台,在销售部门或用户中抽样不受此限。

7.3 评定规则

7.3.1 样品合格判定

对样机 A、B、C 各类检验项目逐项考核和判定,当 A 类不合格项目数为0(即 $A=0$)、B 类不合格项目数不超过1(即 $B \leqslant 1$)、C 类不合格项目数不超过2(即 $C \leqslant 2$),判定样机为合格产品,否则判定样机为不合格产品。

7.3.2 综合判定

若样机为合格品(即样机的不合格品数不大于不合格品限定数),则判通过;若样机为不合格品(即样机的不合格品数大于不合格品限定数),则判不通过。

附 录 A

（规范性附录）

产 品 规 格 表

产品规格表见表 A.1。

表 A.1 产品规格表

序号	项 目	单位	设计值
1	规格型号	—	
2	结构型式	—	
3	配套动力范围	kW	
4	外形尺寸(长×宽×高)	mm	
5	作业幅宽	m	
6	结构质量	kg	
7	挖掘铲型式	—	
8	挖掘深度	mm	
9	配套动力规格型号	—	
10	配套动力额定功率	kW	
11	配套动力额定转速	r/min	
12	最小转弯半径	m	
13	导向轮轮距	m	
14	驱动轮轮距	m	
注:自走轮式机型不填写第3项;其他机型填写第1项～第8项。			

ICS 65.060.01
B 90

中华人民共和国农业行业标准

NY/T 3482—2019

谷物干燥机质量调查技术规范

Technical specification for quality investigation on grain dryer

2019-08-01 发布

2019-11-01 实施

中华人民共和国农业农村部 发布

前　言

本标准按照 GB/T 1.1—2009 给出的规则起草。

本标准由农业农村部农业机械化管理司提出。

本标准由全国农业机械标准化技术委员会农业机械化分技术委员会(SAC/TC 201/SC 2)归口。

本标准起草单位：农业农村部农业机械试验鉴定总站、黑龙江省农业机械试验鉴定站、江苏省农业机械试验鉴定站。

本标准主要起草人：王心颖、彭彬、陆庆刚、史仁成、冯健、侯方安、陈永涛、黄盛杰。

谷物干燥机质量调查技术规范

1 范围

本标准规定了谷物干燥机(以下简称"干燥机")质量调查的术语和定义、调查对象、调查内容、用户调查方法、评价方法和调查报告的编制。

本标准适用于对在用循环式干燥机和连续式干燥机的质量调查。其他型式干燥机的质量调查可参照执行。

2 规范性引用文件

下列文件对于本文件的应用是必不可少的。凡是注日期的引用文件,仅注日期的版本适用于本文件。凡是不注日期的引用文件,其最新版本(包括所有的修改单)适用于本文件。

NY/T 2084—2011 农业机械质量调查技术规范

3 术语和定义

NY/T 2084—2011 界定的以及下列术语和定义适用于本文件。

3.1

谷物干燥机质量调查 **quality investigation on grain dryer**

省级以上农业机械化主管部门组织的、通过对用户的抽样调查,对在用谷物干燥机的安全性、可靠性、适用性和售后服务状况(以下简称"三性一状况")进行质量评价的活动。

3.2

质量投诉 **quality complain**

用户依法向工商行政管理部门、产品质量监督部门、农业机械化主管部门设立的投诉机构或者向消费者权益保护组织等反映产品质量问题和诉求的活动。

4 调查对象

4.1 区域的确定

根据调查目的,在干燥机产品主销地区、相关项目实施地区或干燥机质量问题投诉较多地区确定调查区域。调查区域可以是一个或多个县、市、省份等。

4.2 产品的确定

4.2.1 收集干燥机生产企业名录、产品型号及其保有量,确定调查产品的型式、规格、型号等。

4.2.2 按一定比例或一定数量随机抽取被调查产品。循环式干燥机每个型号调查不少于 10 台,连续式干燥机每个型号调查不少于 5 台,全数调查不受此限。抽取调查产品时,应考虑调查区域内企业产品的销售地区和用户分布的代表性。

4.2.3 调查产品应是购买 1 年以上但不超过 2 年,且使用满 1 个作业季节(循环式干燥机纯作业时间满 200 h、连续式干燥机连续作业满 10 d)的干燥机。

4.3 用户的确定

4.3.1 被调查者应是产品的操作者或了解产品使用状况的所有者。

4.3.2 被调查者应年满 18 周岁,具有独立民事行为能力。

4.3.3 按照调查产品数量,在调查区域的购机用户中随机抽取等量用户进行调查;同一用户同时使用 4 台及以上同型号干燥机时,最多可随机调查 2 台并视为 2 个用户。

4.3.4 当因无法联系到拟调查的用户或被调查用户所用产品不满足 4.2.3 要求,造成实际抽到的用户数量不满足 4.2.2 规定时,应补充抽样。

5 调查内容

5.1 企业基本情况调查

通过向企业发函(必要时可实地确认),对被调查干燥机生产企业的基本情况进行调查,包括企业名称、地址、性质、规模、质量体系认证情况、售后服务能力、主导产品、前两年谷物干燥机产销量等。企业基本情况调查表参见附录 A。

5.2 产品基本情况调查

通过向企业发函(必要时可实地确认),对被调查干燥机的基本情况进行调查,包括产品型号名称、推广鉴定证书编号、投产时间、主要生产方式、主要销售地区、前 3 年的年销售量及销售额、出口情况、社会保有量、参考价格、依据标准、主要技术规格、产品功能特点、升级换代情况及研发方向等。循环式干燥机和连续式干燥机的产品基本情况调查表分别参见附录 B 中表 B.1 和表 B.2。

5.3 用户调查

5.3.1 用户调查内容主要包括"三性一状况"的 4 个方面,循环式干燥机和连续式干燥机的用户调查分别按附录 C 中表 C.1 和表 C.2 进行。

5.3.2 安全性调查主要了解用户对安全标志的警示作用、危险部位的安全防护效果、安全装置的安全保护作用和安全操作使用说明的指导作用等方面的满意度,并详细调查表 1 中安全标志、安全防护和安全装备等情况。调查中应同时了解干燥机是否发生过质量安全事故。

表 1 安全性调查项目及要求

序号		调查项目及要求	干燥机型式	
			循环式	连续式
1	安全标志	电机传动装置应有安全标志	√	√
		排粮链传动机构应有安全标志(适用时)	√	√
		高温热源装置应有安全标志(适用时)	√	√
2	安全防护	外露传动、回转部件应有防护罩	√	√
		正压(敞开式)风机进风口应有安全防护装置	—	√
		人能触及的供热管道、烟道等高温部位的安全防护措施	√	√
		平台、通廊、爬梯、塔架等部位应设置扶手或护栏(护栏高度≥1.1 m)	√	√
		距离地面 3 m 以上的爬梯应设置护圈(适用时)	√	√
		干燥机单体顶部应设置上盖且有防止操作人员坠落的防护栅栏(移动式干燥机除外)	√	—
		燃烧器应设置自动点火装置和熄火时自动切断油(气)路的装置	√	√
		应设置开机前警示装置	√	√
		应设置热风温度显示装置	√	√
		应设置热风温度超温报警装置	√	√
		应设置满粮报警装置	√	√
		应设置粮位观察窗(孔)	√	—
		应设置料位显示监控装置	—	√
		应设置具有快开门机构的紧急排粮口,紧急排粮口应对称分布	—	√

5.3.3 可靠性调查主要了解用户对设备发生故障频次方面和对处理故障难易程度(或费时长短)等方面的满意度,并详细调查干燥机发生严重故障和致命故障情况,包括故障发生部位、故障现象、发生时间、处理情况、故障原因等。干燥机故障分类由调查人按表 2 判断。

表 2　干燥机故障分类

故障类型	故障基本特征	故障示例
致命故障	导致功能完全丧失或造成重大经济损失的故障；危及作业安全、导致人身伤亡或引起重要总成(系统)报废	干燥机着火、干燥机倒塌、换热器烧损、燃烧器烧损、电器控制漏电造成人身伤害等
严重故障	导致功能严重下降或经济损失显著的故障；主要零部件损坏，关键部位的紧固件损坏	风机轴承损坏、电机轴承损坏、排粮机构轴承损坏、进粮机构断轴、排粮机构断轴、热泵系统泄漏等
一般故障	导致功能下降或经济损失增加的故障；一般的零部件和标准件损坏或脱落，通过调整或更换便可修复	带轮损坏、链轮损坏、传动带损坏、传动链损坏等
轻微故障	引起操作人员操作不便但不影响工作的故障；可在较短时间内用配备的工具维修或更换易损件排除的故障；在正常维护保养中更换价值较低的零件和标准件	

5.3.4　适用性调查包括用户对干燥机降水能力、干燥作业质量(干燥后谷物品质，如破损率增值、稻谷爆腰率增值、玉米裂纹率增值、水分不均匀度等)、配套电机和电气控制性能等方面的满意度，并具体了解干燥机在使用说明书适用范围内作业和处理量能否达到企业明示要求情况。

5.3.5　售后服务状况调查包括用户对安装调试、服务承诺兑现、配件供应、售后服务及时性、服务人员解决问题能力和服务人员态度等方面的满意度，同时了解干燥机质量投诉及其处理情况。

6　用户调查方法

6.1　用户调查开始时，调查员应询问、记录被调查人的基本情况，包括用户姓名、从事干燥机操作年限、联系地址、联系电话、培训情况等。

6.2　通过现场查看、询问用户等方式，至少核对确认以下内容：

　　——被调查产品的基本情况，包括干燥机型号名称、批处理量(循环式)/处理量(连续式)、生产企业、出厂编号、出厂日期等；

　　——产品配置情况，包括热风机、冷却风机的型号、数量和电机功率等；

　　——主要附属设备配置情况，包括热风炉等热源装置的型号、生产企业等；

　　——购买情况，包括用户购机日期、同型号干燥机总台数等；

　　——产品使用情况，包括产品使用时间或累计作业量等。

6.3　调查人按照用户调查表(见附录C)的内容，逐项询问、记录用户对所用产品在"三性一状况"方面的满意度体验情况。调查应见人见机(调查人、被调查人和被调查产品合影留存)。

6.4　对用户反映的质量问题，尤其对有质量投诉或发生过质量安全事故的产品，应详细询问，并应收集相关图片资料等证据。

6.5　询问用户对所用产品的再次购买意愿、调查人员未问及的其他质量问题以及改进建议，并记录。

6.6　调查内容填写完成经用户确认后，调查人和用户应在用户调查表上签字。

7　评价方法

7.1　评价指标

7.1.1　评价指标体系及各指标权重

对本次干燥机质量调查结果以综合满意指数评价(包括产品综合满意指数和"三性一状况"的4个单项综合满意指数)。对本次调查中某一型号的调查结果以总体满意指数评价(包括产品总体满意指数和"三性一状况"的4个单项总体满意指数)，对某一型号的评价指标体系由三级指标构成：

　　a)　一级指标(A)：产品总体满意度指数，用以表征某一型号干燥机质量调查最终结果；

　　b)　二级指标(B)：主要包括该型号干燥机的"三性一状况"的4项指标；

　　c)　三级指标(C)：对应4项二级指标分别展开的具体指标。

干燥机质量调查评价指标体系及各指标权重见表3。

表3 干燥机质量调查指标体系及各指标权重

一级指标	二级指标		三级指标	
	名称	权重 b_i	名称	权重 c_{ij}
产品总体满意指数 I_A	安全性满意指数 I_{B1}	0.26	安全标志的警示作用 C_{11}	0.21
			危险部位的安全防护效果 C_{12}	0.27
			安全装置的安全保护作用 C_{13}	0.27
			安全操作使用说明的指导作用 C_{14}	0.25
	可靠性满意指数 I_{B2}	0.25	对发生故障频次方面 C_{21}	0.57
			对处理故障难易程度(或费时长短)C_{22}	0.43
	适用性满意指数 I_{B3}	0.26	降水能力情况 C_{31}	0.28
			干燥作业质量(干燥后谷物品质)情况 C_{32}	0.33
			配套电机适用情况 C_{33}	0.18
			电气控制有效性和灵敏度情况 C_{34}	0.21
	售后服务状况满意指数 I_{B4}	0.23	产品安装调试满意程度 C_{41}	0.15
			服务承诺兑现情况 C_{42}	0.18
			配件供应情况 C_{43}	0.17
	售后服务状况满意指数 I_{B4}	0.23	售后服务的及时性 C_{44}	0.21
			售后服务人员解决问题的能力 C_{45}	0.19
			售后服务人员的态度 C_{46}	0.10

7.1.2 产品总体满意指数(I_{Am})

对本次调查中第 m 个型号干燥机($m=1,2,\cdots,M$),以产品总体满意指数 I_{Am} 评价用户对该型号干燥机的整体满意程度(取该型号全部被调查用户评价结果的算术平均值)。

7.1.3 产品单项满意指数(I_{Bpm})

以产品单项满意指数 I_{Bpm}(第 m 个型号干燥机二级指标得分,$p=1,2,3,4$)分别评价用户对该型号干燥机的安全性、可靠性、适用性和售后服务状况的满意程度。

7.1.4 综合满意指数(I_{AZ})

对本次调查,以综合满意指数 I_{AZ} 评价用户对全部被调查干燥机的综合满意程度(取全部 M 个型号干燥机的 I_A 的算术平均值)。

7.1.5 单项综合满意指数(I_{Bzp})

对本次调查,以单项综合满意指数 I_{Bzp}($p=1,2,3,4$),分别评价用户对全部被调查干燥机的安全性、可靠性、适用性和售后服务状况的综合满意程度(取 M 个型号干燥机的 I_{Bpm} 的算术平均值)。

7.2 用户满意度评价

7.2.1 由每位用户对被调查型号干燥机的各三级指标分别进行5级评价,即:很不满意(差)、不满意(较差)、一般、满意(较好)、很满意(好),各等级对应的分值分别为1、2、3、4、5。

7.2.2 几种特殊情况的处理规则:

　a) 安全标志:使用中自行脱落,计为"无";人为处理掉,计为"有"。

　b) 安全防护:使用中自行掉落,计为"无";人为拆卸掉,计为"有"。

　c) 对使用中未发生过故障的:对设备发生故障频次方面的满意度计为"很满意",对处理故障难易程度(或费时长短)方面的满意度计为"满意"。

7.3 计算各级指标评价分值

按式(1)、式(2)和式(3)分别计算每个型号干燥机单项三级指标评价分值 E_{Cij}、单项二级指标评价分值 E_{Bi} 和一级指标的评价分值 E_{Am}。

$$E_{Cij}=\frac{1}{N}\sum_{k=1}^{N}X_{Cijk} \quad\cdots\cdots\cdots\cdots\cdots\cdots\cdots\cdots\cdots\cdots\cdots（1）$$

$$E_{Bi} = \sum_{j=1}^{m_i} c_{ij} \cdot E_{Cij} \quad \cdots\cdots\cdots\cdots\cdots\cdots\cdots\cdots\cdots\cdots\cdots\cdots\cdots\cdots\cdots\cdots\cdots\cdots\cdots\cdots\cdots \quad (2)$$

$$E_{Am} = \sum_{i=1}^{4} b_i \cdot E_{bi} \quad \cdots\cdots\cdots\cdots\cdots\cdots\cdots\cdots\cdots\cdots\cdots\cdots\cdots\cdots\cdots\cdots\cdots\cdots\cdots\cdots\cdots \quad (3)$$

式中：

C_{ij} ——第 i 项二级指标中的第 j 项三级指标，$i=1,2,3,4$；

N ——该型号干燥机的调查用户数；

X_{Cijk} ——第 k 个用户对第 C_{ij} 项指标的评价分值，$k=1,2,\cdots,N$；

c_{ij} ——第 i 项二级指标中，赋予第 j 项三级指标的权重，即第 C_{ij} 项指标的权重；

b_i ——赋予第 i 项二级指标的权重，即第 B_i 项指标的权重；

m_i ——影响第 i 项二级指标的三级指标的数量，$m_{1(安全性)}=4$，$m_{2(可靠性)}=2$，$m_{3(适用性)}=4$，

$\quad m_{4(售后服务状况)}=6$；

E_{Cij} ——N 个用户对第 C_{ij} 项指标评价分值的算术平均值；

E_{Bi} ——单项二级指标的评价分值（N 个用户对第 i 项二级指标的评价分值的加权平均值），二级指标包括安全性、可靠性、适用性、售后服务状况 4 项；

E_{Am} ——产品综合评价分值（N 个用户对 4 个二级指标评价分值的加权平均值）。

7.4 计算满意指数

7.4.1 按式（4）将评价分值 $E(E_A、E_{Bi})$ 换算为被调查型号干燥机的产品总体满意指数 I_A，安全性总体满意指数 I_{B1}、可靠性总体满意指数 I_{B2}、适用性总体满意指数 I_{B3} 和售后服务状况总体满意指数 I_{B4}。

$$I = \frac{E - \min(E)}{\max(E) - \min(E)} = \frac{E-1}{4} \times 100 \quad \cdots\cdots\cdots\cdots\cdots\cdots\cdots\cdots\cdots\cdots\cdots\cdots \quad (4)$$

式中：

I ——满意指数；

$\max(E)$ ——用户满意度评价分值的最大值，$\max(E)=5$；

$\min(E)$ ——用户满意度评价分值的最小值，$\min(E)=1$。

7.4.2 计算综合满意指数。按式（5）计算本次干燥机质量调查综合满意指数，包括产品综合满意指数 I_{AZ} 和"三性一状况"单项综合满意指数 I_{BZ}。同批次开展循环式和连续式干燥机质量调查时，应按循环式和连续式干燥机分别计算和评价。

$$I_{AZ}(I_{BiZ}) = \frac{1}{M} \sum_{i=1}^{M} I \quad \cdots\cdots\cdots\cdots\cdots\cdots\cdots\cdots\cdots\cdots\cdots\cdots\cdots\cdots\cdots\cdots\cdots\cdots \quad (5)$$

式中：

M——本次调查的干燥机型号数量；

I——当 I 为 I_A 时，可计算得出 I_{AZ}；I 为 I_{Bi} 时，可计算得出 I_{BiZ}。

7.5 评价标准

将满意指数分为 5 档：$[0,40)$ 为很不满意，$[40,60)$ 为不满意，$[60,70)$ 为一般，$[70,90)$ 为满意，$[90,100]$ 为很满意。

8 调查报告的编制

8.1 调查报告内容

调查报告内容包括（但不限于）：

a) 调查实施情况。包括调查任务及来源、调查对象（调查区域、调查产品、调查用户等）和实施方式等。

b) 调查企业基本情况和调查产品基本情况。分别依据 5.1 和 5.2 的调查结果统计分析。

c) 用户调查结果。描述调查用户基本情况，分析本次干燥机调查的综合满意度指数和"三性一状况"单项满意指数，被调查型号干燥机的产品总体满意指数和"三性一状况"单项满意度指数，表

C.1 和表 C.2 中的安全性、故障发生、质量安全事故、质量投诉等情况。

d) 质量问题及原因分析。包括"三性一状况"的 4 方面分别存在的问题,分析典型案例,并附相关图片资料。

e) 改进措施建议。可从政府质量监管、生产企业产品和服务质量改进、对用户的宣传和培训指导等方面提出。

8.2 调查报告编制要求

8.2.1 调查报告内容应全面、完整,满足 8.1 要求。

8.2.2 调查结果描述应客观、准确,调查结论应基于用户调查情况分析得出。

8.2.3 满意指数等调查结果宜列表统计汇总,并按满意指数高低顺序排列。

8.2.4 对调查结果和质量问题应按"三性一状况"的 4 项指标分别描述。

8.2.5 调查发现的重点问题、典型表现应以调查取得的图片、实际案例予以支持。

8.3 调查报告内容编排

干燥机质量调查报告内容编排格式参见附录 D。

附　录　A

（资料性附录）

企业基本情况调查表

企业基本情况调查表见表 A.1。

表 A.1　企业基本情况调查表

企业名称：_____（公章）　填表日期：_____年____月____日
联 系 人：_____　　　　　联系电话：_____

基本情况	企业曾用名						
	企业地址						
	企业性质	□国有企业　□集体企业　□联营企业　□股份合作制企业　□私营企业 □合伙企业　□有限责任公司　□股份有限公司　□其他					
	企业规模	人	注册资金	万元	是否通过 ISO 9000 质量体系认证	□是	□否
	主导产品						
	谷物干燥机	投产时间	年	社会保有量	台	机型总数	个
		实际生产量	年	台	销售量	年	台
			年	台		年	台
售后服务能力	三包维修点总数　　个： 其中本企业直接三包维修点　　个,委托销售单位三包维修点　　个,其他形式　　个						
	企业专职 三包维修 服务人员	人	三包维修点 分布省份	个	三包维修点是否覆盖 所有销售地区	□是	□否
	是否对购机者实施培训	□是	□否	对购机者培训有无制度和教材		□是	□否
	是否对三包服务人员培训	□是	□否	对三包服务人员培训有无制度和教材		□是	□否
	是否设有售后服务电话	□是	□否				
本企业谷物干燥机 研发情况和技术成果							
目前国内谷物干燥机 发展现状、存在的 主要问题及政策建议							

注:此表由生产企业填写。如内容较多,可加附页。

129

附　录　B

（资料性附录）

谷物干燥机质量调查产品基本情况调查表

B.1　循环式谷物干燥机产品基本情况调查表

见表 B.1。

表 B.1　循环式谷物干燥机产品基本情况调查表

企业名称：_____（公章）　填表日期：_____年_____月_____日

联 系 人：_____　　　　联系电话：_____

产品型号名称					推广鉴定证书编号		
投产时间		年	社会保有量	台	参考价格		元
主要销售地区							
年销售量	年	台	年	台		年	台
年销售额	年	万元	年	万元		年	万元
产品是否有出口	□是 □否		出口地区			出口数量	台
产品依据标准	□企业标准，代号和名称： □国家/行业/地方/团体标准，代号和名称：						
产品生产方式	□来件组装　　□部分来件组装(□50%以下、□50%以上)　　□自制件组装 采购成本占整机成本的比例_____%						
产品主要 技术规格	批处理量			t	干燥速率		%/h
	装粮容积			m³	装机容量		kW
	热源配置				热风温度范围		℃
	加热方式		□直接	□间接			
	热风机	型号			数量		个
		电机功率	1		2	3	
				kW	kW	kW	
产品功能特点、 升级换代情况及 研发方向							

注1：此表由生产企业按干燥机型号填写。

注2：不适用栏目打"/"。

注3：可附补充说明。

注4：如内容较多可续页。

B.2 连续式谷物干燥机产品基本情况调查表

见表 B.2。

表 B.2 连续式谷物干燥机产品基本情况调查表

企业名称：_____ （公章）　　填表日期：_____年____月____日

联 系 人：_____　　　　　联系电话：_____

产品型号名称					推广鉴定证书编号			
投产时间	年	社会保有量	台	参考价格				元
主要销售地区								
年销售量	年	台	年	台	年			台
年销售额	年	万元	年	万元	年			万元
产品是否有出口	□是 □否	出口地区				出口数量		台
产品依据标准	□企业标准,代号和名称： □国家/行业/地方/团体标准,代号和名称：							
产品生产方式	□来件组装　　□部分来件组装(□50%以下、□50%以上)　　□自制件组装							
	采购成本占整机成本的比例_____%							

产品主要技术规格	处理量		t/d t/h	降水幅度		%/h
	装粮容量		m³	装机容量		kW
	加热方式	□直接　□间接		热风温度范围		℃

产品主要技术规格（续）

	型号				数量		个
热风机	电机功率		1		2	3	
				kW	kW	kW	

冷却风机	型号		引烟机	型号	
	功率	kW		功率	kW

热源配置				
加热方式	□直接　□间接	热风温度范围		℃

产品功能特点、升级换代情况及研发方向

注1：此表由生产企业按干燥机型号填写。

注2：不适用栏目打"/"。

注3：可附补充说明。

注4：如内容较多可续页。

附 录 C
（规范性附录）
谷物干燥机用户调查表

C.1 循环式谷物干燥机用户调查表

见表C.1。

表C.1 循环式谷物干燥机用户调查表

调查单位：_____   调查表编号：_____

调查日期：_____年_____月_____日   调查人签字：_____

用户情况	姓 名		年 龄		从事干燥机操作年限		年
	联系地址				联系电话		
	用户类型	农业合作社□　农机合作社□　农机大户□　自用□　其他□_____					
	培训情况	未培训□　上机前培训□　专业培训□　若有培训,对培训满意程度				好□　一般□　差□	
		若经过培训,培训人员为:企业服务人员□　经销商□　其他人员(　　　　)□					
	是否看过使用说明书		是□　否□	是否看得懂使用说明书		是□　基本□　否□	
产品情况	型号名称				批次处理量		t/批
	生产企业						
	出厂日期		出厂编号		购机日期	同型号总台数	
	热风机	型号：_____;数量：_____个; 电机功率各为:1._____kW　　2._____kW　　3._____kW					
	热源装置	热风炉□　燃烧器□　热泵□　蒸汽□ 其他□_____			燃料种类:煤□　油□　生物质□ 其他□		
		型　号：_____ 生产企业：_____					
	产品使用是否满一个作业季节(纯作业时间满200 h)			是□　否□	产品累计作业量		___t
	产品生产企业配套提供的干燥机附属设备		无□　辅助提升机□　输送机□　初清筛□　金属筒仓□　其他□___				
	在产品机体上是否加施农业机械推广鉴定标志						是□　否□
	产品推广鉴定标志上型号与产品型号是否一致(无标志□,不一致的鉴定标志型号为_____)						是□　否□
安全性 B_1	安全标志	电机传动装置		有□　无□	排粮链传动机构		有□　无□
		高温热源装置(不适用□)		有□　无□			
	安全防护	外露的传动、回转部件防护罩		有□　无□	人能触及的供热管道、烟道等高温部位的安全防护措施		有□　无□
		平台、通廊、爬梯、塔架等部位是否设有扶手或护栏(护栏高度≥1.1 m)		是□　否□	距离地面3 m以上的爬梯是否设置防护圈(不适用□)		是□　否□
		干燥机单体顶部是否设置上盖且有防止操作人员坠落的防护栅栏			是□　否□		
	安全装备	燃烧器自动点火装置和熄火时自动切断油(气)路的装置(不适用□)		有□　无□	开机前警示装置		有□　无□
		热风温度显示装置		有□　无□	热风温度超温报警装置		有□　无□
		满粮报警装置		有□　无□	粮位观察窗(孔)		有□　无□
	安全标志的警示作用 C_{11}		很满意□　满意□　一般□　不满意□　很不满意□				
	危险部位的安全防护效果 C_{12}		很满意□　满意□　一般□　不满意□　很不满意□				
	安全装置的安全保护作用 C_{13}		很满意□　满意□　一般□　不满意□　很不满意□				
	安全操作使用说明的指导作用 C_{14}		很满意□　满意□　一般□　不满意□　很不满意□				

表 C.1（续）

可靠性 B₂	机器是否发生过故障（轻微故障不计入）		否□ 是□（累计发生故障的次数为_____次，包括致命、严重和一般故障）		
	故障发生情况统计（可多选，若无故障在空白处填"无"）	故障发生部位	表现形式、发生时间、处理情况	故障类别及次数 （由调查人判断故障类别）	
		干燥机着火□		致命（____次）严重（____次）	
		干燥机倒塌□		致命（____次）严重（____次）	
		换热器烧损□		致命（____次）严重（____次）	
		燃烧器烧损□		致命（____次）严重（____次）	
		电器控制漏电□		致命（____次）严重（____次）	
		进粮机构断轴□		致命（____次）严重（____次）	
		排粮机构断轴□		致命（____次）严重（____次）	
		热泵系统泄漏□		致命（____次）严重（____次）	
		风机轴承损坏□		致命（____次）严重（____次）	
		电机轴承损坏□		致命（____次）严重（____次）	
		排粮机构轴承损坏□		致命（____次）严重（____次）	
		其他□（_____）		致命（____次）严重（____次）	
	对设备发生故障频次方面 C_{21}		很满意□　满意□　一般□　不满意□　很不满意□		
	对处理故障难易程度（或费时长短）C_{22}		很满意□　满意□　一般□　不满意□　很不满意□		
适用性 B₃	本机主要烘干的物料		水稻□　　小麦□　　玉米□　　其他□		
	能否在使用说明书适用范围内作业		是□　否□　具体表现：_____		
	批处理量是否能达到企业明示值		是□　否□　实际批处理量：_____ t/批		
	降水能力情况 C_{31}		好□　较好□　一般□　较差□　差□		
	干燥作业质量（干燥后谷物品质）情况 C_{32}		好□　较好□　一般□　较差□　差□		
	配套电机适用情况 C_{33}		好□　较好□　一般□　较差□　差□		
	电气控制有效性和灵敏度情况 C_{34}		好□　较好□　一般□　较差□　差□		
售后服务状况 B₄	三包期外配件是否容易购买		是□ 否□　售后是否进行人员/电话回访　是□ 否□		
	产品安装调试满意程度 C_{41}		很满意□　满意□　一般□　不满意□　很不满意□		
	服务承诺兑现情况 C_{42}		很满意□　满意□　一般□　不满意□　很不满意□		
	配件供应情况 C_{43}		很满意□　满意□　一般□　不满意□　很不满意□		
	售后服务的及时性 C_{44}		很满意□　满意□　一般□　不满意□　很不满意□		
	售后服务人员解决问题的能力 C_{45}		很满意□　满意□　一般□　不满意□　很不满意□		
	售后服务人员的态度 C_{46}		很满意□　满意□　一般□　不满意□　很不满意□		
投诉情况	有无投诉：有□　无□		投诉问题、发生原因等情况描述：_____		
	投诉渠道（若有）：_____				
			投诉处理结果：_____		
	投诉处理满意度		满意□　　基本满意□　　不满意□		
质量安全事故	事故过程及原因（造成人员伤残需说明情况）	（无质量安全事故发生 □）			
	事故处理情况				

表 C. 1（续）

用户建议	下次还会购买同一个企业的产品吗? 会□ 不会□ (若不会,原因为:_____)
	您认为该产品存在的问题及改进建议(安全性、可靠性、适用性及售后服务状况)
	签字前请确认调查表中填写内容,您的签名表明您认同并接受调查结果。 用户签名:_____
备注	1. 此表由调查人员根据用户实际反映填写或在候选项□中打√。对于用户无"存在问题"或"建议"请在空白处填写"无"。 2. 若调查内容不适用该机,应在调查项后空白处备注"不适用"。 3. 调查记录有修改时,调查人应在修改处签字。 4. 可续页填写。

C.2 连续式谷物干燥机用户调查表

见表 C.2。

表 C.2 连续式谷物干燥机用户调查表

调查单位：_____   调查表编号：_____

调查日期：_____年_____月_____日   调查人签字：_____

用户情况	姓名		年龄		从事干燥机操作年限		年

<table>
<tr><td rowspan="7">用户情况</td><td>姓名</td><td colspan="2"></td><td>年龄</td><td colspan="2"></td><td>从事干燥机操作年限</td><td>年</td></tr>
<tr><td>联系地址</td><td colspan="5"></td><td>联系电话</td><td></td></tr>
<tr><td>用户类型</td><td colspan="7">农业合作社□　农机合作社□　农机大户□　自用□　其他□_____</td></tr>
<tr><td rowspan="2">培训情况</td><td colspan="4">未培训□ 上机前培训□ 专业培训□</td><td colspan="2">若有培训,对培训满意程度</td><td>好□　一般□　差□</td></tr>
<tr><td colspan="7">若经过培训,培训人员为:企业服务人员□　经销商□　其他人员(　　　　　)□</td></tr>
<tr><td colspan="3">是否看过使用说明书</td><td colspan="2">是□　否□</td><td colspan="2">是否看得懂使用说明书</td><td>是□　基本□　否□</td></tr>
</table>

<table>
<tr><td rowspan="11">产品情况</td><td>型号名称</td><td colspan="4"></td><td>处理量</td><td></td><td>t/d□　t/h□</td></tr>
<tr><td>生产企业</td><td colspan="7"></td></tr>
<tr><td>出厂日期</td><td colspan="2"></td><td>出厂编号</td><td></td><td>购机日期</td><td></td><td>同型号总台数</td></tr>
<tr><td>热风机</td><td colspan="7">型号:_____;数量:_____个;
电机功率各为:1._____kW　　2._____kW　　3._____kW</td></tr>
<tr><td>冷却风机</td><td colspan="7">型号:_____;数量:_____个;电机功率各为:1._____kW　2._____kW</td></tr>
<tr><td rowspan="3">热源装置</td><td colspan="4">热风炉□　燃烧器□　热泵□　蒸汽□
其他□_____</td><td colspan="3">燃料种类:煤□　油□　生物质□
其他□_____</td></tr>
<tr><td colspan="7">型　　号:_____</td></tr>
<tr><td colspan="7">生产企业:_____</td></tr>
<tr><td colspan="5">产品使用是否满一个作业季节(连续作业满 10 d)</td><td colspan="2">是□ 否□</td><td>产品累计作业量 _____t</td></tr>
<tr><td colspan="8">产品生产企业配套提供的干燥机附属设备　无□　辅助提升机□　输送机□　初清筛□　金属筒仓□　其他□__</td></tr>
<tr><td colspan="8">在产品机体上是否加施农业机械推广鉴定标志　　　　　　　　　　　　　　　　　　　是□ 否□</td></tr>
</table>

	产品推广鉴定标志上型号与产品型号是否一致(无标志□,不一致的鉴定标志型号为_____)	是□否□

<table>
<tr><td rowspan="15">安全性 B_1</td><td rowspan="2">安全标志</td><td colspan="2">电机传动装置</td><td>有□ 无□</td><td colspan="2">排粮链传动机构(不适用□)</td><td>有□ 无□</td></tr>
<tr><td colspan="2">高温热源装置(不适用□)</td><td>有□ 无□</td><td colspan="3"></td></tr>
<tr><td rowspan="4">安全防护</td><td colspan="2">外露的传动、回转部件防护罩</td><td>有□ 无□</td><td colspan="2">人能触及的供热管道、烟道等高温部位的安全防护措施</td><td>有□ 无□</td></tr>
<tr><td colspan="2">平台、通廊、爬梯、塔架等部位是否设有扶手或护栏(护栏高度≥1.1 m)</td><td>是□ 否□</td><td colspan="2">距离地面 3 m 以上的爬梯是否设置防护圈(不适用□)</td><td>是□ 否□</td></tr>
<tr><td colspan="2">正压(敞开式)风机进风口安全防护装置</td><td colspan="4">有□ 无□</td></tr>
<tr><td rowspan="4">安全装备</td><td colspan="2">燃烧器自动点火装置和熄火时自动切断油(气)路的装置(不适用□)</td><td>有□ 无□</td><td colspan="2">开机前警示装置</td><td>有□ 无□</td></tr>
<tr><td colspan="2">热风温度显示装置</td><td>有□ 无□</td><td colspan="2">热风温度超温报警装置</td><td>有□ 无□</td></tr>
<tr><td colspan="2">满粮报警装置</td><td>有□ 无□</td><td colspan="2">料位显示监控装置</td><td>有□ 无□</td></tr>
<tr><td colspan="4">对称分布的具有快开门机构的紧急排粮口</td><td colspan="2">有□ 无□</td></tr>
<tr><td colspan="2">安全标志的警示作用 C_{11}</td><td colspan="5">很满意□　满意□　一般□　不满意□　很不满意□</td></tr>
<tr><td colspan="2">危险部位的安全防护效果 C_{12}</td><td colspan="5">很满意□　满意□　一般□　不满意□　很不满意□</td></tr>
<tr><td colspan="2">安全装置的安全保护作用 C_{13}</td><td colspan="5">很满意□　满意□　一般□　不满意□　很不满意□</td></tr>
<tr><td colspan="2">安全操作使用说明的指导作用 C_{14}</td><td colspan="5">很满意□　满意□　一般□　不满意□　很不满意□</td></tr>
</table>

可靠性 B_2	机器是否发生过故障 (轻微故障不计入)	否□ 是□(累计发生故障的次数为_____次,包括致命、严重和一般故障)

表 C.2（续）

可靠性 B_2	故障发生情况统计（可多选，若无故障在空白处填"无"）	故障发生部位	表现形式、发生时间、处理情况	故障类别及次数（由调查人员判断故障类别）
		干燥机着火□		致命(___次)严重(___次)
		干燥机倒塌□		致命(___次)严重(___次)
		换热器烧损□		致命(___次)严重(___次)
		燃烧器烧损□		致命(___次)严重(___次)
		电器控制漏电□		致命(___次)严重(___次)
		进粮机构断轴□		致命(___次)严重(___次)
		排粮机构断轴□		致命(___次)严重(___次)
		热泵系统泄漏□		致命(___次)严重(___次)
		风机轴承损坏□		致命(___次)严重(___次)
		电机轴承损坏□		致命(___次)严重(___次)
		排粮机构轴承损坏□		致命(___次)严重(___次)
		其他□(_____)		致命(___次)严重(___次)
	对设备发生故障频次方面 C_{21}		很满意□ 满意□ 一般□ 不满意□ 很不满意□	
	对处理故障难易程度（或费时长短）C_{22}		很满意□ 满意□ 一般□ 不满意□ 很不满意□	

适用性 B_3	本机主要烘干的物料	水稻□ 小麦□ 玉米□ 其他□
	能否在使用说明书适用范围内作业	是□ 否□ 具体表现:_____
	处理量是否能达到企业明示值	是□ 否□ 实际处理量:_____ t/d□ _____ t/h□
	降水能力情况 C_{31}	好□ 较好□ 一般□ 较差□ 差□
	干燥作业质量（干燥后谷物品质）情况 C_{32}	好□ 较好□ 一般□ 较差□ 差□
	配套电机适用情况 C_{33}	好□ 较好□ 一般□ 较差□ 差□
	电气控制有效性和灵敏度情况 C_{34}	好□ 较好□ 一般□ 较差□ 差□

售后服务状况 B_4	三包期外配件是否容易购买	是□ 否□	售后是否进行人员（电话）回访	是□ 否□
	产品安装调试满意程度 C_{41}	很满意□ 满意□ 一般□ 不满意□ 很不满意□		
	服务承诺兑现情况 C_{42}	很满意□ 满意□ 一般□ 不满意□ 很不满意□		
	配件供应情况 C_{43}	很满意□ 满意□ 一般□ 不满意□ 很不满意□		
	售后服务的及时性 C_{44}	很满意□ 满意□ 一般□ 不满意□ 很不满意□		
	售后服务人员解决问题的能力 C_{45}	很满意□ 满意□ 一般□ 不满意□ 很不满意□		
	售后服务人员的态度 C_{46}	很满意□ 满意□ 一般□ 不满意□ 很不满意□		

投诉情况	有无投诉:有□ 无□	投诉问题、发生原因等情况描述:_____
	投诉渠道(若有):_____	
		投诉处理结果:_____
	投诉处理满意度	满意□ 基本满意□ 不满意□

表 C.2（续）

质量安全事故	事故过程及原因（造成人员伤残需说明情况）	（无质量安全事故发生 □）
	事故处理情况	

用户建议	下次还会购买同一个企业的产品吗？会□　不会□（若不会，原因为：＿＿＿＿＿＿＿＿＿＿＿＿＿＿　）
	您认为该产品存在的问题及改进建议（安全性、可靠性、适用性及售后服务状况）：
	签字前请确认调查表中填写内容，您的签名表明您认同并接受调查结果。 用户签名：＿＿＿＿＿＿＿

附 录 D

（资料性附录）

谷物干燥机质量调查报告内容编排格式

D.1 调查任务及实施情况

D.1.1 调查任务情况

综述谷物干燥机（以下简称干燥机）调查任务及来源、调查承担机构、调查时间、调查区域、调查的企业及产品数量等。

D.1.2 调查实施方式

综述质量调查的组织形式、调查过程和主要做法等。

D.2 行业发展状况

D.2.1 行业综述

综述干燥机发展历程、干燥机械化水平、行业发展趋势等。

D.2.2 生产企业基本情况

从企业规模、技术力量、研发水平、生产能力、产品销售情况等方面综合描述调查企业的基本情况。

D.2.3 产品基本情况

从干燥机产品分类、结构型式、功能、技术特点、研发方向等方面综合描述调查产品的基本情况。

D.3 调查结果

D.3.1 用户综合满意指数情况

报告本次干燥机调查用户综合满意指数和安全性、可靠性、适用性和售后服务状况单项综合满意指数，给出相应的满意度档次结论，列出最高值和最低值。

D.3.2 产品总体满意指数情况

统计每个被调查型号干燥机的总体满意指数 I_A，并按 I_A 对被调查机型进行排序。列举用户很满意、不满意（含很不满意）的生产企业及产品，归结产品优、缺点。

D.3.3 单项满意指数情况

对每个被调查机型分别统计安全性、可靠性、适用性和售后服务状况单项满意指数 I_{Bi}，列举各单项用户很满意、不满意（含很不满意）的企业及产品，以典型案例分析汇总用户不满意产品存在的问题。

D.3.4 其他结果统计情况

统计对满意指数统计未反映但存在问题较多的生产企业及产品，简要分析原因。

a) 用户情况：综述用户基本情况，分别统计用户类型、用户培训情况、使用说明书阅看情况的占比，并简要分析。

b) 安全性：综述用户安全性（包括质量安全事故）调查情况，分别统计本标准表1各项中不符合要求台数占比以及发生过质量安全事故的企业及产品，并简要分析原因。

c) 可靠性：综述用户可靠性调查情况，统计各型号干燥机发生严重及以上故障次数的占比，并简要说明原因。

d) 适用性：综述用户适用性调查情况，分别统计各型号干燥机"不能在使用说明书适用范围内作业"的台数占比，"处理量不能达到企业明示要求"的台数占比，并简要分析原因。

e) 售后服务状况：综述用户售后服务状况（包括投诉）调查情况，统计产品用户投诉未处理或处理结果不满意的企业及产品,并简要分析原因。

D.4 存在问题及原因分析

结合调查结果,引用相关的统计数据和图片资料,从产品安全性、可靠性、适用性、售后服务状况 4 方面综合分析干燥机存在主要问题并分析原因。

D.5 措施与建议

针对干燥机产品存在的问题,着眼大局,从政策调控、质量监管、产品设计制造、售后服务、对用户的培训指导等方面提出操作性强的措施与建议。

ICS 65.060.30
B 91

中华人民共和国农业行业标准

NY/T 3486—2019

蔬菜移栽机 作业质量

Operating quality for vegetable transplanter

2019-08-01 发布

2019-11-01 实施

中华人民共和国农业农村部 发布

前　　言

本标准按照 GB/T 1.1—2009 给出的规则起草。

本标准由农业农村部农业机械化管理司提出。

本标准由全国农业机械标准化技术委员会农业机械化分技术委员会(SAC/TC 201/SC 2)归口。

本标准起草单位:农业农村部南京农业机械化研究所。

本标准主要起草人:陈永生、高庆生、管春松、杨雅婷、胡建平、唐玉新、崔志超。

蔬菜移栽机 作业质量

1 范围

本标准规定了蔬菜机械化移栽的术语和定义、作业质量要求、检测方法和检验规则。

本标准适用于蔬菜移栽机的作业质量评定。

2 规范性引用文件

下列文件对于本文件的应用是必不可少的。凡是注日期的引用文件，仅注日期的版本适用于本文件。凡是不注日期的引用文件，其最新版本（包括所有的修改单）适用于本文件。

GB/T 5262 农业机械试验条件 测定方法的一般规定

JB/T 10291 旱地栽植机械

NY/T 499 旋耕机 作业质量

NY/T 986 铺膜机 作业质量

NY/T 2119 蔬菜穴盘育苗 通则

3 术语和定义

JB/T 10291、NY/T 499 界定的以及下列术语和定义适用于本文件。

3.1

蔬菜移栽机 vegetable seedling transplanter

按照农艺要求，在旱地栽植蔬菜苗的机械。

3.2

裸地移栽 bare land transplanting

在没有铺设地膜的旱地上栽植蔬菜苗。

3.3

膜上移栽 film transplanting

在铺设了地膜的旱地上栽植蔬菜苗。

3.4

裸根苗 bare root seedling

根系没有土块或基质块的蔬菜苗。

3.5

钵苗 block seedling

根系带有一定形状及一定量土块或基质块的蔬菜苗。

3.6

苗高 height of seedling

蔬菜苗茎基部至顶端生长点的高度。

3.7

苗冠直径 seedling crown diameter

蔬菜苗苗冠垂直投影面的平均直径。

3.8

膜面穴口开孔 membrane surface placket

膜上移栽时，栽植部件插入土中在地膜表面形成的开口。

4 作业质量要求

4.1 作业条件

4.1.1 秧苗条件:蔬菜苗生长土壤或基质含水量适宜,苗高和苗冠直径适宜;钵苗盘根性好、不易散坨、两秧苗根系之间均没有粘连,裸根苗根系完整;用于自动移栽机的穴盘苗空穴率应满足移栽机说明书要求。育苗方法参照 NY/T 2119。

4.1.2 整地条件:移栽作业田块土壤绝对含水率在 15%~25%,测定方式按照 GB/T 5262 中的有关规定进行,旋耕作业应满足 NY/T 499 的要求,土壤质地为沙土时碎土率大于 85%,土壤质地为壤土和黏土时碎土率大于 75%。根据栽植农艺要求,采用垄(畦)作、沟作和平作整地方式,采用垄(畦)作业方式时,垄(畦)宽度和高度应与移栽机相适应,垄(畦)形完整;20 m 作业长度内,垄(畦)体直线度小于 10 cm;垄(畦)面平整度小于 2 cm;垄(畦)间沟底宽度 20 cm~40 cm,沟内回土、浮土少,沟底面平整度小于 5 cm。

4.1.3 铺膜条件:适用于膜上移栽,铺膜作业应符合 NY/T 986 的要求。

4.1.4 机具条件:选择与蔬菜栽植农艺要求相适应的机具,蔬菜移栽机行走速度和栽植频率按机具使用说明书正常作业参数确定。

4.1.5 操作人员条件:经过严格农机操作技能培训,并按机具作业需求配备人员数量。

4.2 作业质量指标

蔬菜移栽机的作业质量指标应符合表 1 的规定。

表 1 作业质量指标

序号	项 目		质量指标要求				检测方法对应条款号
			半自动移栽机		自动移栽机		
			裸地移栽	膜上移栽	裸地移栽	膜上移栽	
1	漏栽率		≤5%	≤5%	≤5%	≤5%	参照 JB/T 10291
2	移栽合格率	土壤质地为沙土	≥90%	≥90%	≥85%	≥85%	5.3.1
		土壤质地为壤土、黏土	≥85%	≥85%	≥80%	≥80%	
3	邻接行距合格率		≥90%	≥90%	≥90%	≥90%	5.3.2
4	株距合格率		≥90%	≥90%	≥90%	≥90%	5.3.3
5	移栽深度合率	土壤质地为沙土	≥80%	≥80%	≥80%	≥80%	5.3.4
		土壤质地为壤土、黏土	≥75%	≥75%	≥75%	≥75%	
6	膜面穴口开孔合格率		—	≥95%	—	≥95%	5.3.5
注 1:自动移栽机的漏栽率测定时,需保证穴盘苗空穴率为零。							
注 2:具有复式作业功能的移栽机,其铺膜、铺管、施肥、浇水等作业性能指标应符合相应标准规定。							

5 检测方法

5.1 检测前准备

检测用仪器、设备应校准,并在规定的有效检定周期内。

5.2 检测区的确定

按照 GB/T 5262 的取样方法,随机选 3 个测区,每个测区必须包含 2 个相邻作业幅宽,测区长度应满足 5.3 的检测要求。

5.3 作业质量测定

5.3.1 移栽合格率测定

每个检测区选一行,连续测定的应栽植穴株数 120 个。重栽、倒伏、埋苗、露苗和伤苗为栽植不合格,定义及判定规则按 JB/T 10291 的规定执行。移栽合格的蔬菜苗株数占所测总数的百分比为移栽合格率,按式(1)、式(2)计算。

$$Q_i = \frac{N_{yi}}{N} \times 100 \quad\cdots\cdots\cdots\cdots\cdots\cdots\cdots\cdots\cdots\cdots\cdots\cdots \quad (1)$$

$$Q = \frac{\sum\limits_{i=1}^{n} Q_i}{n} \times 100 \quad \cdots\cdots\cdots\cdots\cdots\cdots\cdots\cdots\cdots\cdots\cdots\cdots\cdots\cdots \quad (2)$$

式中：

N_{yi}——i 检测区栽植合格的蔬菜苗株数，单位为株；

N ——检测区测定的样本总数，$N=120$；

Q_i ——i 检测区的移栽合格率，单位为百分率（％）；

Q ——移栽合格率，单位为百分率（％）；

n ——检测区的个数，$n=3$。

5.3.2 邻接行距合格率测定

平作或同一垄面（畦）面作业时，每个检测区同一邻接行连续测定 120 个行距，以当地农艺要求的邻接行距 L 为标准，实测邻接行距在 $L(1\pm10\%)$ 之内为合格，合格邻接行距数占所测总数的百分比为邻接行距合格率，按式（3）、式（4）计算。

$$P_i = \frac{N_{hi}}{N} \times 100 \quad \cdots\cdots\cdots\cdots\cdots\cdots\cdots\cdots\cdots\cdots\cdots\cdots\cdots\cdots\cdots \quad (3)$$

$$P = \frac{\sum\limits_{i=1}^{n} P_i}{n} \times 100 \quad \cdots\cdots\cdots\cdots\cdots\cdots\cdots\cdots\cdots\cdots\cdots\cdots\cdots\cdots \quad (4)$$

式中：

N_{hi}——i 检测区邻接行距合格数；

P_i ——i 检测区的邻接行距合格率，单位为百分率（％）；

P ——邻接行距合格率，单位为百分率（％）。

5.3.3 株距合格率测定

每个检测区选一行，连续测定 120 个株距，以当地农艺要求的移栽株距 D 为标准，实测株距在 $D(1\pm10\%)$ 之内为合格，合格株距数占所测总数的百分比为株距合格率，按式（5）、式（6）计算。

$$Z_i = \frac{N_{zi}}{N} \times 100 \quad \cdots\cdots\cdots\cdots\cdots\cdots\cdots\cdots\cdots\cdots\cdots\cdots\cdots\cdots\cdots \quad (5)$$

$$Z = \frac{\sum\limits_{i=1}^{n} Z_i}{n} \times 100 \quad \cdots\cdots\cdots\cdots\cdots\cdots\cdots\cdots\cdots\cdots\cdots\cdots\cdots\cdots \quad (6)$$

式中：

N_{zi}——i 检测区株距合格数；

Z_i ——i 检测区株距合格率，单位为百分率（％）；

Z ——株距合格率，单位为百分率（％）。

5.3.4 移栽深度合格率测定

每个检测区选一行，连续取苗 120 株，以当地农艺要求的移栽深度 H 为标准，所栽秧苗深度在 $H(1\pm20\%)$ 之内为合格，合格移栽深度的株数占所测总数的百分比为移栽深度合格率，按式（7）、式（8）计算。

$$S_i = \frac{N_{si}}{N} \times 100 \quad \cdots\cdots\cdots\cdots\cdots\cdots\cdots\cdots\cdots\cdots\cdots\cdots\cdots\cdots\cdots \quad (7)$$

$$S = \frac{\sum\limits_{i=1}^{n} S_i}{n} \times 100 \quad \cdots\cdots\cdots\cdots\cdots\cdots\cdots\cdots\cdots\cdots\cdots\cdots\cdots\cdots \quad (8)$$

式中：

N_{si}——i 检测区移栽深度合格的蔬菜苗株数，单位为株；

S_i ——i 检测区的移栽深度合格率,单位为百分率(%);

S ——移栽深度合格率,单位为百分率(%)。

5.3.5 膜面穴口开孔合格率测定

每个检测区选一行,沿移栽方向连续测定 120 个地膜穴口开孔。当 D 大于等于 15 cm 且小于 25 cm 时,实测相邻开口间完好的膜面的长度大于 $D/2$ 为合格膜面穴口开孔;当 D 大于等于 25 cm 时,实测相邻开口间完好的膜面的长度大于 $2D/3$ 为合格膜面穴口开孔。合格膜面穴口开孔的个数占所测总数的百分比为膜面穴口开孔合格率,按式(9)、式(10)计算。

$$X_i = \frac{N_{xi}}{N} \times 100 \quad\cdots\cdots\cdots\cdots\cdots\cdots\cdots\cdots\cdots\cdots\cdots\cdots\cdots (9)$$

$$X = \frac{\sum_{i=1}^{n} X_i}{n} \times 100 \quad\cdots\cdots\cdots\cdots\cdots\cdots\cdots\cdots\cdots\cdots (10)$$

式中:

N_{xi} ——i 检测区膜面穴口开孔合格的个数,单位为个;

X_i ——i 检测区膜面穴口开孔合格率,单位为百分率(%);

X ——膜面穴口开孔合格率,单位为百分率(%)。

6 检验规则

6.1 作业质量考核项目

作业质量考核项目见表 2。

表 2 作业质量考核项目表

序号	检验项目名称
1	漏栽率
2	移栽合格率
3	膜面穴口开孔合格率
4	株距合格率
5	移栽深度合格率
6	邻接行距合格率

6.2 判定规则

对确定的所有考核项目进行逐项检测。所有项目全部合格,则判定蔬菜移栽机作业质量合格;否则为不合格。

ICS 65.060.99
B 93

中华人民共和国农业行业标准

NY/T 3487—2019

厢式果蔬烘干机　质量评价技术规范

Technical specification of quality evaluation for
box-type fruit and vegetable dryer

2019-08-01 发布

2019-11-01 实施

中华人民共和国农业农村部 发布

前　言

本标准按照 GB/T 1.1—2009 给出的规则起草。

本标准由农业农村部农业机械化管理司提出。

本标准由全国农业机械标准化技术委员会农业机械化分技术委员会(SAC/TC 201/SC 2)归口。

本标准起草单位:黑龙江农垦农业机械试验鉴定站、江西省农业机械产品质量监督检验二站、辽宁海帝升机械有限公司。

本标准起草人:顾冰洁、柳春柱、邢左群、牛文祥、潘松、杜吉山、宣忠军、朱梅梅、吕红梅、潘久君。

厢式果蔬烘干机　质量评价技术规范

1　范围

本标准规定了厢式果蔬烘干机的术语和定义、型号编制规则、基本要求、质量要求、检测方法和检验规则。

本标准适用于厢式果蔬烘干机的质量评定。

2　规范性引用文件

下列文件对于本文件的应用是必不可少的。凡是注日期的引用文件,仅注日期的版本适用于本文件。凡是不注日期的引用文件,其最新版本(包括所有的修改单)适用于本文件。

GB/T 2828.11—2008　计数抽样检验程序　第 11 部分:小总体声称质量水平的评定程序

GB/T 3768　声学　声压法测定噪声源声功率级和声能量级采用反射面上方包络测量面的简易法

GB 5009.3　食品安全国家标准　食品中水分的测定

GB/T 9969　工业产品使用说明书　总则

GB 10395.1　农林机械　安全　第 1 部分:总则

GB 10396　农林拖拉机和机械、草坪和园艺动力机械　安全标志和危险图形　总则

GB/T 14095　农产品干燥技术　术语

GB 16798—1997　食品机械安全卫生

3　术语和定义

GB/T 14095 界定的以及下列术语和定义适用于本文件。

3.1

厢式果蔬烘干机　box-type fruit and vegetable dryer

机外厢式,四壁用绝缘材料构造,机内有物料架(物料车),利用经过加热的清洁热空气对新鲜的大枣、香菇、茶树菇和萝卜进行常压烘干作业的干燥设备。

4　型号编制规则

厢式果蔬烘干机产品型号按以下内容表示:

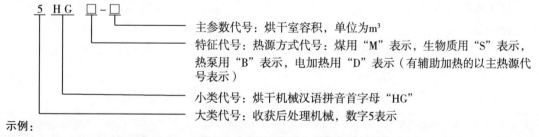

主参数代号:烘干室容积,单位为m³

特征代号:热源方式代号:煤用"M"表示,生物质用"S"表示,热泵用"B"表示,电加热用"D"表示(有辅助加热的以主热源代号表示)

小类代号:烘干机械汉语拼音首字母"HG"

大类代号:收获后处理机械,数字5表示

示例:

5HGB-20 表示烘干室容积是 20 m³ 的热泵加热果蔬烘干机。

5　基本要求

5.1　质量评价所需的文件资料

对厢式果蔬烘干机进行质量评价所需文件资料应包括:

a)　产品规格表(见附录 A);

b)　企业产品执行标准或产品制造验收技术条件;

c)　产品使用说明书;

d) 产品三包凭证；

e) 产品照片4张(正前方、正后方、正前方两侧45°各1张)，产品铭牌照片1张。

5.2 主要技术参数核对与测量

依据产品使用说明书、铭牌和其他技术文件，对样机的主要技术参数按表1进行核对或测量。

表1 核测项目与方法

序号	项 目		单位	方 法
1	产品型号、名称		—	核对
2	外形尺寸(长×宽×高)		mm	测量
3	烘干室容积		m³	测量
4	物料架(物料车)数量、层数		—	核对
5	有效烘干面积		m²	测量
6	配套总功率		kW	核对
7	主风机	型号	—	核对
		数量	—	核对
		风量	m³/h	核对
		风压	Pa	核对
		功率	kW	核对
8	循环风机	型号	—	核对
		数量	—	核对
		风量	m³/h	核对
		风压	Pa	核对
		功率	kW	核对
9	热源方式(煤、生物质、热泵、电)		—	核对
10	热源设备	设备型号	—	核对
		输出热功率(煤、生物质)	kJ/h	核对
		电功率(热泵、电)	kW	核对
11	控制方式		—	核对

5.3 试验条件

5.3.1 试验样机应为企业近12个月内生产且安装验收合格的产品，按照说明书的要求调整到正常工作状态。

5.3.2 试验应选取大枣、香菇(或茶树菇)、萝卜条之一，物料为同一批次收取，且在有效烘干面积上均匀分布，厢式果蔬烘干机的容料量应不低于使用说明书明示值。

5.3.3 试验环境温度宜为(20±10)℃。

5.4 主要仪器设备

试验用仪器设备应经过计量检定或校准且在有效期内，仪器设备的测量范围和准确度要求应符合表2的规定。

表2 试验用主要仪器设备测量范围和准确度要求

序号	被测参数名称		测量范围	准确度要求
1	噪声		35 dB(A)～130 dB(A)	2级
2	长度		0 m～10 m	2级
3	质量	试验物料称重	0 kg～30 kg	Ⅲ级(e=0.1 g)
		样品处理称重	0 g～600 g	0.1 g
		样品水分称重	0 g～200 g	0.001 g
4	时间		0 h～24 h	0.5 s/d
5	温度		0℃～100℃	1℃
6	耗电量		0 kW·h～500 kW·h	2级
7	绝缘电阻		0 MΩ～500 MΩ	10级

6 质量要求

6.1 性能要求

厢式果蔬烘干机的主要性能指标应符合表3的规定。

表3 主要性能指标要求

序号	项 目		性能指标			对应的检测方法条款
			大枣	香菇、茶树菇	萝卜条	
1	干燥强度,kg/(h·m³)		≥使用说明书明示值			7.1.1
2	单位耗能量	单位耗热量(煤、生物质),kJ/kg	≤6 700	≤6 500	≤6 100	7.1.2.1
		单位耗电量(煤、生物质),kJ/kg	≤300	≤300	≤300	7.1.2.2
		单位耗电量(电加热),kJ/kg	≤7 000	≤6 800	≤6 400	7.1.2.2
		单位耗电量(热泵),kJ/kg	≤2 300	≤2 300	≤2 100	7.1.2.2
3	失水量不均匀度		≤6%	≤6%	≤8%	7.1.3
4	烘后物料水分		≤25%	≤13%	≤13%	7.1.4
5	烘后物料品质		形态、色泽、气味及滋味应满足物料烘干后的品质要求			7.1.5
6	工作噪声,dB(A)		≤85			7.1.6
注:萝卜条切割后尺寸为:长×宽×厚(150 mm×15 mm×15 mm)。						

6.2 安全要求

6.2.1 安全防护

6.2.1.1 对可能造成人员伤害的所有外露传动部件和转动部件,应设有安全防护装置,防护装置应符合GB 10395.1的规定。

6.2.1.2 厢式果蔬烘干机应有保温、隔热设施。保温层的厚度应不小于50 mm,且无毒、无异味,有自熄性能。

6.2.2 安全信息

对操作者有危险的部位应有安全警示标志,安全警示标志应符合GB 10396的规定,并应在使用说明书中复现。

6.2.3 安全性能

6.2.3.1 与烘干物料直接接触的材料应符合GB 16798—1997中第4章的要求。

6.2.3.2 所有电线、电缆应安装在阻燃塑料管或金属线管内。

6.2.3.3 电气设备应装有漏电保护装置,接地保护绝缘电阻应不低于1 MΩ。

6.2.3.4 应具备程序启动、连锁保护及自动报警功能。

6.3 装配和外观质量

6.3.1 厢式果蔬烘干机的燃烧炉、换热器及密闭管道不得有烟气外漏。

6.3.2 所有转动件应转动灵活,无卡滞现象,机组运转应平稳,不得有异常声响。

6.3.3 各连接处紧固件应连接牢固,不得松动。

6.3.4 烘干室应密封良好,不得有热风跑漏现象。

6.3.5 厢式果蔬烘干机的外表面不得有起皱、起皮、漏底漆、刮伤、划痕等缺陷。

6.4 操作方便性

6.4.1 厢式果蔬烘干机的控制仪表应安装在便于观察和操作的位置,面盘应整洁,字迹应清晰。

6.4.2 厢式果蔬烘干机应保证装、卸料顺畅。

6.5 使用有效度

厢式果蔬烘干机的使用有效度应不低于98%。

6.6 使用说明书

说明书应规定主要物料的烘干工艺并按照GB/T 9969的规定编写,至少应包括以下内容:

a) 产品特点及主要用途;

b) 安全警示标志并明确其粘贴位置;

c) 安全注意事项;

d) 产品执行标准及产品技术参数;

e) 结构特征及工作原理;

f) 安装、调试和使用方法;

g) 维护和保养说明;

h) 常见故障及排除方法。

6.7 三包凭证

三包凭证至少应包括以下内容:

a) 产品名称、型号规格、购买日期、出厂编号;

b) 制造商名称、联系地址、电话;

c) 销售者和修理者的名称、联系地址、电话;

d) 三包项目;

e) 三包有效期(包括整机三包有效期,主要部件质量保证期以及易损件和其他零部件质量保证期,其中整机三包有效期和主要部件质量保证期不得少于12个月);

f) 主要部件名称;

g) 销售记录(包括销售者、销售地点、销售日期、购机发票号码);

h) 修理记录(包括送修时间、交货时间、送修故障、修理情况、换退货证明);

i) 不承担三包责任的情况说明。

6.8 铭牌

在厢式果蔬烘干机醒目的位置应有铭牌,其内容应清晰可见,铭牌应至少包括以下内容:

a) 产品名称、型号;

b) 烘干室容积等主要技术参数;

c) 配套总功率;

d) 产品执行标准编号;

e) 生产日期、出厂编号;

f) 制造商名称、地址。

7 检测方法

7.1 性能试验

7.1.1 干燥强度的测定

烘干试验前,称取试验物料总量。开始烘干,记录烘干时间。烘干结束后,称取烘干后物料总量。干燥强度按式(1)计算。

$$Q_r = \frac{G_1 - G_2}{t \times v} \quad \cdots\cdots\cdots\cdots\cdots\cdots\cdots\cdots\cdots\cdots\cdots\cdots\cdots\cdots\cdots\cdots\cdots\cdots\cdots\cdots\cdots\cdots\cdots\cdots\cdots \quad (1)$$

式中:

Q_r ——干燥强度,单位为千克每小时每立方米[kg/(h·m³)];

G_1 ——烘干前物料质量(容料量),单位为千克(kg);

G_2 ——烘干后物料质量,单位为千克(kg);

t——烘干时间,单位为小时(h);

v——烘干室容积,单位为立方米(m^3)。

7.1.2 单位耗能量测定

单位耗能量为单位耗热量与单位耗电量之和,按式(2)计算。

$$E_n = E_r + E_d \quad\text{(2)}$$

式中:

E_n——单位耗能量,单位为千焦每千克(kJ/kg);

E_r——单位耗热量,单位为千焦每千克(kJ/kg);

E_d——单位耗电量,单位为千焦每千克(kJ/kg)。

7.1.2.1 单位耗热量的测定

单位耗热量按式(3)计算。

$$E_r = \frac{F \times X}{G_1 - G_2} \quad\text{(3)}$$

式中:

F——干燥过程消耗的燃料量,单位为千克(kg);

X——燃料的应用基低位发热量,单位为千焦每千克(kJ/kg)。

7.1.2.2 单位耗电量的测定

单位耗电量按式(4)计算。

$$E_d = \frac{3600 \times Q_d}{G_1 - G_2} \quad\text{(4)}$$

式中:

Q_d——干燥过程消耗的总电量,单位为千瓦时(kW·h)。

以燃烧煤、生物质为热源的厢式果蔬烘干机按式(2)计算单位耗能量;以热泵和电加热为热源的厢式果蔬烘干机按式(4)计算单位耗电量。

7.1.3 失水量不均匀度的测定

失水量不均匀度按式(5)计算。

$$H = H_{max} - H_{min} \quad\text{(5)}$$

式中:

H——失水量不均匀度,单位为百分率(%);

H_{max}——取样点中最大失水量比率,单位为百分率(%);

H_{min}——取样点中最小失水量比率,单位为百分率(%)。

厢式果蔬烘干机取料方法为:对于料车、料盘数量多的厢式果蔬烘干机,选烘干室内物料的最上层、最下层和中间层共3层,取四边形对角线的四角点和中心点,3层共计15点的等质量物料,称量烘干前与烘干后各点处物料质量,物料少时亦可取全部物料,按式(6)计算各点物料失水量比率。

$$H_i = \frac{D_{1i} - D_{2i}}{D_{1i}} \times 100 \quad\text{(6)}$$

式中:

H_i——第 i 个取样点失水量比率,单位为百分率(%);

D_{1i}——第 i 个取样点处烘干前物料质量,单位为千克(kg);

D_{2i}——第 i 个取样点处烘干后物料质量,单位为千克(kg)。

7.1.4 烘后物料水分的测定

将7.1.3中取出的样品混合,用四分法分样,取8份样品,每份不少于0.5 kg,按照GB 5009.3对应的方法检验烘干后物料的水分,取算术平均值为测定值。大枣应按照第二法(减压干燥法)测定,香菇(或茶树菇)、萝卜应按照第一法(直接干燥法)测定。

7.1.5 烘后物料品质检查

取适量样品置于白色瓷盘中,在自然光下观察色泽和状态,闻其气味,用温水漱口,品其滋味,应具有烘后物料应有的色泽、气味、滋味和形态。

7.1.6 工作噪声的测定

测点位于厢式果蔬烘干机的前、后、左、右4个面的垂直中线上,距离厢式果蔬烘干机外表面1 m远、距离地面1.5 m高的位置,测量4点的背景噪声和工作噪声(用慢档测量 A 计权声压级),按照 GB/T 3768 的规定修正,取4点中的最大值为测定结果。

7.2 安全要求检查

按照6.2的规定检查,其中任一项不合格,判安全要求不合格。

7.3 装配和外观质量检查

按照6.3的规定检查,其中任一项不合格,判装配和外观质量不合格。

7.4 操作方便性检查

按照6.4的规定检查,其中任一项不合格,判操作方便性不合格。

7.5 使用有效度的测定

7.5.1 按说明书要求选择试验物料和烘干工艺,考核时间为连续烘干不少于2个干燥周期,且累计作业时间不低于60 h。

7.5.2 记录作业时间、样机故障情况及排除时间,考核过程中不得发生致命故障和严重故障,按式(7)计算使用有效度。

$$K = \frac{\sum T_z}{\sum T_z + \sum T_g} \times 100 \quad \cdots\cdots\cdots\cdots\cdots\cdots\cdots\cdots\cdots (7)$$

式中:

K ——使用有效度,单位为百分率(%);

T_z ——样机作业时间,单位为小时(h);

T_g ——样机故障排除时间,单位为小时(h)。

7.5.3 故障分级

故障分级见表4。

表4 故障分级

故障级别	故障示例
致命故障	烘干室着火、炉体烧损
严重故障	热源设备损坏
	风机电机及控制设备等主要工作部件损坏
一般故障	接线错误、接线不良等引起的故障
	其他原因引起的无法正常作业的故障

7.6 使用说明书审查

按照6.6的规定检查,其中任一项不合格,判使用说明书不合格。

7.7 三包凭证审查

按照6.7的规定检查,其中任一项不合格,判三包凭证不合格。

7.8 铭牌审查

按照6.8的规定检查,其中任一项不合格,判铭牌不合格。

8 检验规则

8.1 不合格项目分类

检验项目按其对产品质量影响的程度分为 A、B、C 3类,不合格项目分类见表5。

表5 检验项目及不合格分类

不合格分类		检验项目		对应的质量要求条款
项目	序号			
A	1	安全要求	安全防护	6.2.1
			安全信息	6.2.2
			安全性能	6.2.3
	2	工作噪声		6.1
	3	使用有效度		6.5
B	1	干燥强度		6.1
	2	失水量不均匀度		6.1
	3	烘后物料水分		6.1
	4	烘后物料品质		6.1
	5	单位耗能量	单位耗热量(煤、生物质)	6.1
			单位耗电量(煤、生物质)	6.1
			单位耗电量(电加热)	6.1
			单位耗电量(热泵)	6.1
C	1	装配和外观质量		6.3
	2	操作方便性		6.4
	3	使用说明书		6.6
	4	三包凭证		6.7
	5	铭牌		6.8

8.2 抽样方案

抽样方案按 GB/T 2828.11—2008 中表 B.1 的规定制订,见表6。

表6 抽样方案

检验水平	O
声称质量水平(DQL)	1
检查总体(N)	10
样本量(n)	1
不合格品限定数(L)	0

8.3 抽样方法

根据抽样方案确定,抽样基数为 10 台,抽样数量为 1 台,样机应在生产企业近 12 个月内生产的合格产品中随机抽取(其中,在用户和销售部门抽样时不受抽样基数限制)。

8.4 判定规则

8.4.1 样机合格判定

对样机中 A、B、C 各类检验项目逐项检验和判定,当 A 类不合格项目数为 0(即 A=0)、B 类不合格项目数不大于 1(即 B≤1)、C 类不合格项目数不大于 2(即 C≤2)时,判定样机为合格品,否则判定样机为不合格品。

8.4.2 综合判定

若样机为合格品(即样本的不合格数不大于不合格品数限定数),则判通过;若样机为不合格品(即样本的不合格数大于不合格品限定数),则判不通过。

附 录 A

（规范性附录）

产 品 规 格 表

产品规格见表 A.1。

表 A.1 产品规格

序号	项 目		单 位	设计值
1	产品型号、名称		—	
2	结构型式		—	
3	外形尺寸(长×宽×高)		mm	
4	物料架数量		—	
5	物料架层数		层	
6	烘干室容积		m³	
7	干燥强度		kg/(h·m³)	
8	热源方式(煤、生物质、热泵、电加热)		—	
9	热源设备	设备型号	—	
		输出热功率(煤、生物质)	kJ/h	
		电功率(热泵、电加热)	kW	
10	主风机	风机型号	—	
		风机台数	台	
		风机风量	m³/h	
		风机风压	Pa	
		风机功率	kW	
11	循环风机	风机型号	—	
		风机台数	台	
		风机风量	m³/h	
		风机风压	Pa	
		风机功率	kW	
12	配套总功率		kW	
13	控制方式		—	

ICS 65.060.01
B 90

中华人民共和国农业行业标准

NY/T 3488—2019

农业机械重点检查技术规范

Technical specification for key inspection on agricultural machinery

2019-08-01 发布

2019-11-01 实施

中华人民共和国农业农村部 发布

前　言

本标准按照 GB/T 1.1—2009 给出的规则起草。

本标准由农业农村部农业机械化管理司提出。

本标准由全国农业机械标准化技术委员会农业机械化分技术委员会(SAC/TC 201/SC 2)归口。

本标准起草单位:农业农村部农业机械试验鉴定总站、甘肃省农业机械质量管理总站。

本标准主要起草人:兰心敏、冯健、程兴田、刘辉、孙超、商稳奇、陈兴和、王祺、石文海、张晓晨。

农业机械重点检查技术规范

1 范围

本标准规定了农业机械重点检查的术语和定义、检查内容、检查方法和评价规则。

本标准适用于开展农业机械重点检查的方案制订与实施。

2 术语和定义

下列术语和定义适用于本文件。

2.1

农业机械重点检查　key inspection on agricultural machinery

采用用户调查和（或）安全性检验方式，对出现集中质量投诉，或批量质量问题，或安全性事故的在用农业机械产品，作出质量评价结果的活动。

2.2

安全性检验　safety test

对未使用的农业机械产品，按产品标准或相关技术法规的安全要求进行安全防护、安全信息、安全装备、安全性能等内容的检验。

2.3

走访式调查　visiting investigation

检查人员在农业机械产品作业或停放现场，对用户进行问卷调查，根据调查结果评价农业机械质量的方法。

3 检查内容

农业机械重点检查的主要内容为产品的安全性和使用情况。安全性包括产品的安全防护、安全信息、安全装备、安全性能等；使用情况包括机具对当地农艺、作物条件的适用性、机具操作方便性、可靠性等。安全性和使用情况为主要检查项目，每个主要检查项目应设置若干检查子项目。检查内容及项目设置因机具种类不同可以增减。

4 检查方法

4.1 检查依据

重点检查依据被检查产品所执行的国家标准、行业产品标准、推广鉴定大纲以及相关的技术法规。

4.2 用户调查

4.2.1 调查项目确定

用户调查主要包括安全性用户调查和使用情况用户调查，根据产品集中质量投诉、批量质量问题、安全性事故发生情况，确定用户调查项目及子项目。

4.2.2 调查用户确定

根据被调查产品的集中质量投诉、批量质量问题、安全性事故发生情况，确定用户并进行全数调查。若调查数量不能充分说明调查结果或影响调查结论准确性时，可适当在主要出现问题区域内追加用户数量。被调查用户及其机具应与投诉记录一致，否则视为无效用户，调查结果不参与统计。

4.2.3 调查方法

用户调查采用走访式调查方式进行。调查前应制订调查方案，规定调查内容和结果判定方法，确定调查项目，编制用户调查表，明确各表的编制要求和填写要求。投诉情况分析表见附录 A，安全性用户调查表参见附录 B,使用情况用户调查表参见附录 C。

4.3 安全性检验

4.3.1 检验项目确定

根据农业机械重点检查目的,确定样机的安全性检验内容,选择满足评价产品安全性要求的试验条件和检验方法。

4.3.2 检验样机确定

4.3.2.1 被检验样机从经销商处抽取,应为企业近 12 个月内生产、经企业确认的待销合格产品。抽取的样机总台数不少于 2 台,且至少覆盖 2 个主要出现问题区域的不同经销商。安全性检验样机抽样单见附录 D。

4.3.2.2 经销商应在生产企业提供的合格经销商名录中。

4.3.3 检验方法

安全性检验前,应制订检验方案,确定安全性检验项目,编制安全性检验记录表(参见附录 E),明确各检验项目的检验方法和判定规则。有标准规定的,应按标准要求进行。无标准规定的,应研究规定非标准方法。

4.4 检查方法选用原则

汇总集中质量投诉、批量质量问题、安全性事故发生情况,并分析其发生原因,根据分析结果选择检查方法,一般采用用户调查方式进行。因产品设计等原因造成的安全质量问题,采用用户调查与安全性检验相结合的方式进行。

4.5 检查人员资质要求

参与重点检查的人员应熟悉被检查产品的工作原理和结构特点,熟知被检查产品的产品标准及相关技术法规。从事安全性检验的人员还应具有相应资格。

5 评价规则

5.1 用户调查

5.1.1 采用农业机械重点检查用户评价指数(E_A)来评价产品的质量。

5.1.2 采用专家咨询法确定各评价项目(B)及其子项目(C)的权重系数。

设计权重测评表,组织长期从事农业机械产品设计开发、质量控制与管理、试验鉴定、技术推广等工作的专家,对各指标在其相应层次的评价指标中的重要程度打分,并按归一化要求对各指标赋予相应的权重。专家人数应不少于 5 人。

5.1.3 对各调查子项目进行等级划分、量化和统计计算。

对每个子项目 C 的用户评价结果按好、较好、一般、较差和差五级分等,并分别赋以分值 5、4、3、2、1。每个子项目 C 的评价分值 E_C 为其对应的所有用户评价分值的算术平均值,按式(1)计算。

$$E_C = \frac{1}{n} \sum_{i=1}^{n} X_i \quad\cdots\cdots\cdots\cdots\cdots\cdots\cdots\cdots\cdots\cdots\cdots\cdots\cdots\cdots\cdots\cdots\cdots\cdots (1)$$

式中:

E_C——单项 C 类指标评价分值;

X_i——第 i 个用户对该指标调查内容的评价分值;

n ——调查用户总数。

5.1.4 对每个项目 B 的评价分值 E_B 为其对应的子项目 C 评价分值 E_C 与其权重值的加权平均值,按式(2)计算。

$$E_{Bi} = \sum_{j=1}^{m} C_j E_{Cj} \quad\cdots\cdots\cdots\cdots\cdots\cdots\cdots\cdots\cdots\cdots\cdots\cdots\cdots\cdots\cdots\cdots (2)$$

式中:

E_{Bi}——第 i 个 B 类指标的评价分值,B 类指标包括安全性和使用情况,$i=1,2$;

C_j ——该 B 类指标中,赋予第 j 个 C 类指标的权重;

E_{Cj} ——该 B 类指标中,第 j 个 C 类指标的评价分值;

m ——影响该 B 类指标的 C 类指标数量。

5.1.5 按式(3)计算产品的农业机械重点检查用户评价指数 E_A,即各评价项目 B 得分与其权重的乘积和。

$$E_A = (\frac{E_{B1}-1}{4} \times I_{B1} + \frac{E_{B2}-1}{4} \times I_{B2}) \times 5 \cdots\cdots\cdots\cdots\cdots （3）$$

式中:

E_A ——农业机械重点检查用户评价指数;

E_{B1} ——产品安全性用户调查评价分值;

E_{B2} ——产品使用情况用户调查评价分值;

I_{B1} ——产品安全性用户调查权重值;

I_{B2} ——产品使用情况用户调查权重值。

5.1.6 农业机械重点检查用户评价指数与评价结果的对应关系见表1。

表 1 农业机械重点检查用户评价指数与评价结果的对应关系

农业机械重点检查用户评价指数	$E_A < 3$	$3 \leqslant E_A \leqslant 4$	$E_A > 4$
评价结果	差	一般	好

5.2 安全性检验

5.2.1 依据编制的安全性检验表中的判定规则,对抽取样机的安全性检验结果进行判定。

5.2.2 在安全性检验中,所检验的样机中若有 1 台出现 1 项及以上检查项目不符合检验要求的,则判该产品安全性检验不合格。

5.3 评价结论

5.3.1 农业机械重点检查评价结论由农业机械重点检查用户评价指数 E_A 和安全性检验结果(若有)组成。

5.3.2 依据重点检查用户评价指数 E_A 和安全性检验结果对产品质量进行评价,评价结论为通过和不通过。当 $E_A \geqslant 3$,安全性检验结果为合格时,判产品重点检查结果为通过,否则均为不通过。

附　录　A
（规范性附录）
投诉情况分析表

投诉情况分析表见表 A.1。

表 A.1　投诉情况分析表

统计单位:_____　分析人:_____　日期:_____

用户情况	姓名		联系电话	
	家庭详细住址			
机器情况	产品型号名称	结构型式	生产企业	配套动力,kW
	出厂日期	出厂编号	经销商	购机日期
事故投诉核查	投诉渠道		投诉时间	
	事故或故障情况及原因分析	1. 事故或故障发生过程:_____ _____ _____ 2. 事故或故障发生原因:_____ _____ _____		
	结果判定	1. 事故结果判定: 事故属于(可多选):安全性问题□　使用问题□ 事故发生是否由产品设计问题引起(是□ 否□) 2. 采用检查方式(可多选): 安全性用户调查□　使用情况用户调查□　安全性检验□		
	备注	请您根据实际情况在空格处填写或在候选项□中打"√",如表中部分内容不适用,在空格处打"/"。		

附　录　B
（资料性附录）
安全性用户调查表

安全性用户调查表见表 B.1。

表 B.1　安全性用户调查表（以水稻插秧机为例）

调查单位：_____　调查人：_____　调查日期：_____

用户情况	姓名		年龄		从事调查机具操作年限		年
	家庭住址				联系电话		

产品情况	型号名称			生产企业		
	结构型式			主要结构参数 （　　　　　）		
	出厂日期			出厂编号		

安全性存在问题	存在问题情况： 发生部位： 原因分析：

安全性 B₁	安全装置的保护作用 C_{11}	好□　较好□　一般□　较差□　差□
	危险部位的安全防护 C_{12}	好□　较好□　一般□　较差□　差□
	安全标志的警示作用 C_{13}	好□　较好□　一般□　较差□　差□
	安全操作使用说明的指导作用 C_{14}	好□　较好□　一般□　较差□　差□
	……	……

用户建议	

用户签名	签字前请确认调查表中填写内容，您的签名意味着您认同并接受调查结果。 用户签名：_____

备注	1. 根据相关标准和产品特征确定安全性 B₁调查项目，项目可根据投诉情况中出现的安全性问题进行调整。 2. 根据实际情况填写空格处或在候选项□中打"√"，对于用户无"存在问题"或"建议"请在空白处填写"无"。 3. 若数据有修改，请调查人在旁签字或盖章确认。

附　录　C

（资料性附录）

使用情况用户调查表

使用情况用户调查表见表 C.1。

表 C.1　使用情况用户调查表（以水稻插秧机为例）

调查单位：＿＿＿＿＿＿＿＿＿＿　　调查人：＿＿＿＿＿＿＿＿＿＿　　调查日期：＿＿＿＿＿＿＿＿＿＿

用户情况	姓名		年龄		从事调查机具操作年限		年
	家庭住址				联系电话		
产品情况	型号名称			生产企业			
	结构型式			主要结构参数 （　　　　）			
	出厂日期			出厂编号			
使用情况存在问题	存在问题情况： 发生部位： 原因分析：						
使用情况 B_2	对当地农艺要求的适用程度 C_{21}		好□　　较好□　　一般□　　较差□　　差□				
	对作物的适用情况 C_{22}		好□　　较好□　　一般□　　较差□　　差□				
	对地块条件的适用情况 C_{23}		好□　　较好□　　一般□　　较差□　　差□				
	产品的动力匹配合理性 C_{24}		好□　　较好□　　一般□　　较差□　　差□				
	产品的操作方便性 C_{25}		好□　　较好□　　一般□　　较差□　　差□				
	产品的可靠性满意程度 C_{26}		好□　　较好□　　一般□　　较差□　　差□				
	……		……				
用户建议							
用户签名	签字前请确认调查表中填写内容，您的签名意味着您认同并接受调查结果。 　　　　　　　　　　　　　　　　　　　　用户签名：＿＿＿＿＿＿＿＿						
备注	1. 根据相关标准和产品特征确定使用情况 B_2 调查项目，项目可根据投诉情况中出现的安全性问题进行调整。 2. 根据实际情况填写空格处或在候选项□中打"√"，对于用户无"存在问题"或"建议"请在空白处填写"无"。 3. 若数据有修改，请调查人在旁签字或盖章确认。						

附　录　D

（规范性附录）

安全性检验样机抽样单

安全性检验样机抽样单见表 D.1。

表 D.1　安全性检验样机抽样单

	样机型号名称			
样机	出厂编号			
	出厂日期			
	样品等级			
	抽样数量			
	抽样地点			
	单　位	名称及地址		联系电话
	样机生产企业			
	供样经销商			
	抽样机构名称			
	备注			

样机生产企业确认人（签名）：　　　　　　　　　抽样人：

　　　　　年 月 日

供样经销商(公章)　　　　　　　　　　　　　　抽样日期：

供样经销商负责人(签名)：

　　　　　年 月 日

附　录　E

（资料性附录）

安全性检验记录表

安全性检验记录表见表 E.1。

表 E.1　安全性检验记录表（以水稻插秧机为例）

检验地点：＿＿＿＿＿＿＿＿＿＿＿＿　　检验人签名：＿＿＿＿＿＿＿＿＿＿＿　　检验日期：＿＿＿＿＿＿＿＿＿＿＿

产品信息	型号名称			生产企业			
	结构型式			配套发动机	生产企业		
	工作行数				型号名称		
	出厂日期				额定功率,kW		
	出厂编号				燃油种类		

安全性检验项目	检验项目		检验要求		检验结果		
	安全信息	秧针	检查附近是否有防剪切标志				
		发动机排气口	检查附近是否有防烫标志				
		外露传动及旋转部件	检查附近是否有防剪切挤压标志				
		油箱	检查附近是否有防火标志				
		工作台	检查附近是否有防止人员掉落、禁止乘坐标志				
	安全防护	外露传动及旋转部件	检查是否有防护罩				
		排气口位置及方向	检查是否能避开驾驶员和必须站在机器上的其他操作者				
		工作台	检查其最小宽度（450 mm）和从后到前的最小深度（300 mm）				
	安全装置	运动部件锁定装置	检查是否具有在运输状态下锁定运动部件的装置				
		划行器	检查道路运输时划行器是否能牢固锁定				
	安全性能（必要时）	停车制动	上坡时	四轮乘坐式高速插秧机,应有停车制动装置,应保证在 20%（11°18′）的干硬坡道上可靠驻车。（不适用□）			
			下坡时				
	综合判定						
	备　注		1. 根据相关标准和产品特征及已发生的安全问题的内容确定"检验项目"和"检验要求"。 2. 请根据检验情况在检验结果处填写实测结果。 3. 若数据有修改,请调查人在旁签字或盖章确认。 4. 综合判定填"合格"或"不合格"。				

ICS 65.060.01
B 90

中华人民共和国农业行业标准

NY/T 3489—2019

农业机械化水平评价
第2部分：畜牧养殖

The evaluation for the level of agricultural mechanization—
Part 2:Stockbreeding

2019-08-01 发布

2019-11-01 实施

中华人民共和国农业农村部 发布

前　言

本标准按照 GB/T 1.1—2009 给出的规则起草。

本标准由农业农村部农业机械化管理司提出。

本标准由全国农业机械标准化技术委员会农业机械化分技术委员会(SAC/TC 201/SC 2)归口。

本标准起草单位:农业农村部南京农业机械化研究所、中国农业大学。

本标准主要起草人:曹光乔、曹蕾、王忠群、陈聪、杨敏丽。

农业机械化水平评价　第2部分:畜牧养殖

1　范围

本标准规定了畜牧养殖机械化水平的评价指标和计算方法。

本标准适用于畜牧养殖机械化水平的评价。

2　术语和定义

下列术语和定义适用于本文件。

2.1

畜牧养殖　stockbreeding

通过人工或机械饲养畜禽,以取得肉、蛋、奶、毛、绒等产品的生产活动。

2.2

畜牧养殖机械化水平　the level of stockbreeding mechanization

在畜禽饲养过程中,采用机械化生产代替传统生产方式达到的程度。

2.3

羊单位　sheep unit

1只体重45 kg、日消耗1.8 kg标准干草的成年绵羊,或与此相当的其他家畜。主要畜禽与羊单位的折算系数见附录A。

3　评价指标

畜牧养殖机械化水平评价指标及权重见表1。

表1　畜牧养殖机械化水平评价指标及权重

一级指标		二级指标			三级指标		
指标名称	代码	指标名称	代码	权重	指标名称	代码	权重
畜牧养殖机械化水平	A	饲料(草)生产与加工机械化水平	A_1	0.25	饲料(草)收获机械化水平	A_{11}	α_1
					饲料(草)加工机械化水平	A_{12}	α_2
		饲喂机械化水平	A_2	0.20	—	—	—
		粪便处理机械化水平	A_3	0.20	—	—	—
		环境控制机械化水平	A_4	0.20	—	—	—
		畜产品采集机械化水平[a]	A_5	0.15	挤奶机械化水平	A_{51}	α_3
					剪毛(绒)机械化水平	A_{52}	α_4
					捡蛋机械化水平	A_{53}	α_5
[a]　如果当地没有产奶、毛(绒)、蛋等畜产品的畜禽,则该地区畜产品采集机械化水平(A_5)视为100%。							

4　计算方法

4.1　畜牧养殖机械化水平

按式(1)计算。

$$A = 0.25A_1 + 0.20A_2 + 0.20A_3 + 0.20A_4 + 0.15A_5 \qquad\cdots\cdots\cdots\cdots\cdots\cdots (1)$$

式中:

A ——畜牧养殖机械化水平,单位为百分率(%);

A_1——饲料(草)生产与加工机械化水平,单位为百分率(%);

A_2——饲喂机械化水平,单位为百分率(%);

A_3——粪便处理机械化水平,单位为百分率(%);

A_4——环境控制机械化水平,单位为百分率(%);

A_5——畜产品采集机械化水平,单位为百分率(%)。

4.1.1 饲料(草)生产与加工机械化水平

按式(2)计算。

$$A_1 = \alpha_1 A_{11} + \alpha_2 A_{12} \quad\cdots\cdots\cdots\cdots\cdots\cdots\cdots\cdots\cdots\cdots\cdots\cdots\cdots\cdots (2)$$

式中:

α_1——饲料(草)收获机械化水平权重;

A_{11}——饲料(草)收获机械化水平,单位为百分率(%);

α_2——饲料(草)加工机械化水平权重;

A_{12}——饲料(草)加工机械化水平,单位为百分率(%)。

4.1.1.1 饲料(草)收获机械化水平

按式(3)计算。

$$A_{11} = \frac{W_{js}}{W_{zs}} \times 100 \quad\cdots\cdots\cdots\cdots\cdots\cdots\cdots\cdots\cdots\cdots\cdots\cdots (3)$$

式中:

W_{js}——机械收获饲料(草)数量,指使用农业机械收割的牧草、秸秆等饲料(草)的质量,单位为吨(t);

W_{zs}——收获的饲料(草)数量,指收获的牧草、秸秆等饲料(草)的质量,单位为吨(t)。

4.1.1.2 饲料(草)加工机械化水平

按式(4)计算。

$$A_{12} = \frac{W_{jj}}{W_{zj}} \times 100 \quad\cdots\cdots\cdots\cdots\cdots\cdots\cdots\cdots\cdots\cdots\cdots\cdots (4)$$

式中:

W_{jj}——机械加工饲料(草)数量,指使用各种饲料(草)加工机械加工(切割、粉碎、搅拌等)饲料(草)的实际质量,不论加工何种物料,均按加工前原料质量计算,单位为吨(t);

W_{zj}——加工的饲料(草)数量,指为满足各类畜禽饲养所需加工的饲料(草)的实际质量,不包括直接饲喂而无须加工的饲料(草),不论加工何种物料,均按加工前的原料质量计算,单位为吨(t)。

4.1.2 饲喂机械化水平

按式(5)计算。

$$A_2 = \frac{N_{jw}}{N_{zx}} \times 100 \quad\cdots\cdots\cdots\cdots\cdots\cdots\cdots\cdots\cdots\cdots\cdots\cdots (5)$$

式中:

N_{jw}——机械饲喂的畜禽数量,指由送料机、传输带等机械设备完成饲料投喂的各类畜禽数量,单位为羊单位;

N_{zx}——畜禽数量,指饲养的各类畜禽数量,单位为羊单位。

4.1.3 粪便处理机械化水平

按式(6)计算。

$$A_3 = \frac{N_{jq}}{N_{zx}} \times 100 \quad\cdots\cdots\cdots\cdots\cdots\cdots\cdots\cdots\cdots\cdots\cdots\cdots (6)$$

式中:

N_{jq}——机械处理粪便的畜禽数量,指采用刮粪机(板)、水泵冲粪,并使用固液分离、发酵池或沼气工程、粪便抽吸等方式完成粪便清理、处理的畜禽数量,单位为羊单位。

4.1.4 环境控制机械化水平

按式(7)计算。

$$A_4 = \frac{N_{jk}}{N_{hk}} \times 100 \quad \cdots\cdots\cdots\cdots\cdots\cdots\cdots\cdots\cdots\cdots\cdots\cdots\cdots\cdots \quad (7)$$

式中：

N_{jk} ——机械环境控制的畜禽数量，指采用水帘、空调、暖风机、通风设备、紫外线消毒、喷淋消毒等机械调控圈舍环境(至少采用 2 种设备)的畜禽数量，单位为羊单位；

N_{hk} ——环境控制畜禽数量，指饲养的对圈舍有温度、通风、湿度、防疫等要求并且可以通过一定的方法实现温湿度、通风控制及消毒处理的畜禽数量，不包括在室外饲养，对环境控制没有要求或无法实现环境控制的畜禽，单位为羊单位。

4.1.5 畜产品采集机械化水平

按式(8)计算。

$$A_5 = \alpha_3 A_{51} + \alpha_4 A_{52} + \alpha_5 A_{53} \quad \cdots\cdots\cdots\cdots\cdots\cdots\cdots\cdots\cdots\cdots\cdots \quad (8)$$

式中：

α_3 ——挤奶机械化水平权重；

A_{51} ——挤奶机械化水平，单位为百分率(%)；

α_4 ——剪毛(绒)机械化水平权重；

A_{52} ——剪毛(绒)机械化水平，单位为百分率(%)；

α_5 ——捡蛋机械化水平权重；

A_{53} ——捡蛋机械化水平，单位为百分率(%)。

4.1.5.1 挤奶机械化水平

按式(9)计算。

$$A_{51} = \frac{N_{jn}}{N_{cn}} \times 100 \quad \cdots\cdots\cdots\cdots\cdots\cdots\cdots\cdots\cdots\cdots\cdots\cdots \quad (9)$$

式中：

N_{jn} ——机械挤奶的家畜数量，指饲养的用于产奶的家畜中，由机械完成挤奶的家畜数量，单位为羊单位；

N_{cn} ——产奶家畜数量，指饲养的用于产奶的家畜数量，单位为羊单位。

4.1.5.2 剪毛(绒)机械化水平

按式(10)计算。

$$A_{52} = \frac{N_{jm}}{N_{cm}} \times 100 \quad \cdots\cdots\cdots\cdots\cdots\cdots\cdots\cdots\cdots\cdots\cdots \quad (10)$$

式中：

N_{jm} ——机械剪毛(绒)的畜禽数量，指饲养的用于产毛(绒)的畜禽中，由机械完成剪毛(绒)的畜禽数量，单位为羊单位；

N_{cm} ——产毛(绒)畜禽数量，指饲养的用于产毛(绒)的畜禽数量，单位为羊单位。

4.1.5.3 捡蛋机械化水平

按式(11)计算。

$$A_{53} = \frac{N_{jd}}{N_{dq}} \times 100 \quad \cdots\cdots\cdots\cdots\cdots\cdots\cdots\cdots\cdots\cdots\cdots\cdots \quad (11)$$

式中：

N_{jd} ——机械捡蛋的蛋禽数量，指饲养的蛋禽中，使用机械捡蛋的蛋禽数量，单位为羊单位；

N_{dq} ——蛋禽数量，指饲养的蛋禽数量，单位为羊单位。

4.2 三级指标权重

4.2.1 饲料(草)收获机械化水平权重

按式(12)计算。

$$\alpha_1 = \frac{W_{zs}}{W_{zs} + W_{zj}} \quad \cdots\cdots\cdots\cdots\cdots\cdots\cdots\cdots\cdots\cdots\cdots\cdots\cdots\cdots\cdots\cdots \quad (12)$$

4.2.2 饲料(草)加工机械化水平权重

按式(13)计算。

$$\alpha_2 = \frac{W_{zj}}{W_{zs} + W_{zj}} \quad \cdots\cdots\cdots\cdots\cdots\cdots\cdots\cdots\cdots\cdots\cdots\cdots\cdots\cdots\cdots\cdots \quad (13)$$

4.2.3 挤奶机械化水平权重

按式(14)计算。

$$\alpha_3 = \frac{M_{cn}}{M_{cn} + M_{cm} + M_{qd}} \quad \cdots\cdots\cdots\cdots\cdots\cdots\cdots\cdots\cdots\cdots\cdots\cdots\cdots \quad (14)$$

式中:

M_{cn} ——奶产量,指饲养的产奶家畜所产的奶产品产量,单位为吨(t);

M_{cm} ——毛(绒)产量,指饲养的产毛(绒)畜禽所产的毛(绒)产品产量,单位为吨(t);

M_{qd} ——禽蛋产量,指当年饲养的蛋禽所产的禽蛋产量,单位为吨(t)。

4.2.4 剪毛(绒)机械化水平权重

按式(15)计算。

$$\alpha_4 = \frac{M_{cm}}{M_{cn} + M_{cm} + M_{qd}} \quad \cdots\cdots\cdots\cdots\cdots\cdots\cdots\cdots\cdots\cdots\cdots\cdots\cdots \quad (15)$$

4.2.5 捡蛋机械化水平权重

按式(16)计算。

$$\alpha_5 = \frac{M_{qd}}{M_{cn} + M_{cm} + M_{qd}} \quad \cdots\cdots\cdots\cdots\cdots\cdots\cdots\cdots\cdots\cdots\cdots\cdots\cdots \quad (16)$$

附　录　A
（规范性附录）
主要畜禽与羊单位的折算系数

主要畜禽与羊单位的折算系数见表 A.1。

表 A.1　主要畜禽与羊单位的折算系数

畜禽名称	羊	牛	猪	家禽	马	驴	骡	骆驼	兔
羊单位折算系数	1	5	1.5	0.05	6	3	5	7	0.125

ICS 65.060.01
B 90

中华人民共和国农业行业标准

NY/T 3490—2019

农业机械化水平评价
第3部分：水产养殖

The evaluation for the level of agricultural mechanization—
Part 3：Aquaculture

2019-08-01 发布　　　　　　　　　　　2019-11-01 实施

中华人民共和国农业农村部　发布

前　言

本标准按照 GB/T 1.1—2009 给出的规则起草。

本标准由农业农村部农业机械化管理司提出。

本标准由全国农业机械标准化技术委员会农业机械化分技术委员会(SAC/TC 201/SC 2)归口。

本标准起草单位:农业农村部南京农业机械化研究所、中国农业大学。

本标准主要起草人:曹光乔、陈聪、王忠群、曹蕾、杨敏丽。

农业机械化水平评价 第3部分：水产养殖

1 范围

本标准规定了水产养殖机械化水平的评价指标和计算方法。

本标准适用于一定区域或地区的水产养殖机械化水平评价，其中淡水养殖中的河沟、稻田养殖不在本标准评价范围内。

2 术语和定义

下列术语和定义适用于本文件。

2.1

水产养殖 aquaculture

利用各种水域以各种方式进行水生经济动物养殖和植物种植的生产活动。

2.2

水产养殖机械化水平 the level of aquaculture mechanization

在水产养殖过程中，采用机械化生产方式代替传统人力方式达到的程度。

2.3

池塘养殖 pond culture

利用池塘进行水生经济动物养殖的生产方式，其中淡水养殖中的湖泊、水库与围栏养殖归为池塘养殖。

2.4

网箱养殖 culture in net cage

利用网箱进行水生动物养殖的生产方式。

2.5

工厂化养殖 industrial aquaculture

利用包机械、生物、化学和自动控制等现代技术装备起来的车间进行水生动物养殖的生产方式。

2.6

筏式养殖 raft culture

在海洋水域中设置浮动筏架，其上挂养海洋经济动植物的生产方式。

2.7

吊笼养殖 hoisting cage aquaculture

将水产品养殖于笼内，悬挂于水体中，通过笼体网眼进行笼内外水体交换，在笼内形成一个"活水"环境的一种生产方式。

2.8

底播养殖 bottom sowing culture

在潮间带滩涂，经平整、清理杂石杂物和有害生物，撒播人工培育的稚贝或采集的幼贝，使其自然生长的一种生产方式。

3 评价指标

水产养殖机械化水平评价指标及权重见表1。

表 1　水产养殖机械化水平评价指标及权重

一级指标		二级指标			三级指标		
指标名称	代码	指标名称	代码	权重	指标名称	代码	权重
水产养殖机械化水平	A	池塘养殖机械化水平	A_1	α_1	投饲机械化水平	A_{11}	0.25
					水质调控机械化水平	A_{12}	0.35
					起捕机械化水平	A_{13}	0.25
					清淤机械化水平	A_{14}	0.15
		网箱养殖机械化水平	A_2	α_2	投饲机械化水平	A_{21}	0.30
					网箱清洗机械化水平	A_{22}	0.40
					起捕机械化水平	A_{23}	0.30
		工厂化养殖机械化水平	A_3	α_3	投饲机械化水平	A_{31}	0.25
					水质调控机械化水平	A_{32}	0.40
					起捕机械化水平	A_{33}	0.35
		筏式吊笼与底播养殖机械化水平	A_4	α_4	投苗机械化水平	A_{41}	0.45
					采收机械化水平	A_{42}	0.55

4　计算方法

4.1　水产养殖机械化水平

按式(1)计算。

$$A = \alpha_1 A_1 + \alpha_2 A_2 + \alpha_3 A_3 + \alpha_4 A_4 \quad\cdots\cdots\cdots\cdots\cdots\cdots\cdots\cdots\cdots\quad (1)$$

式中:

A ——水产养殖机械化水平;

α_1 ——池塘养殖机械化水平权重;

A_1 ——池塘养殖机械化水平;

α_2 ——网箱养殖机械化水平权重;

A_2 ——网箱养殖机械化水平;

α_3 ——工厂化养殖机械化水平权重;

A_3 ——工厂化养殖机械化水平;

α_4 ——筏式吊笼与底播养殖机械化水平权重;

A_4 ——筏式吊笼与底播养殖机械化水平。

4.1.1　池塘养殖机械化水平

按式(2)计算。

$$A_1 = 0.25 A_{11} + 0.35 A_{12} + 0.25 A_{13} + 0.15 A_{14} \quad\cdots\cdots\cdots\cdots\cdots\cdots\quad (2)$$

式中:

A_{11} ——池塘养殖投饲机械化水平,单位为百分率(%);

A_{12} ——池塘养殖水质调控机械化水平,单位为百分率(%);

A_{13} ——池塘养殖起捕机械化水平,单位为百分率(%);

A_{14} ——池塘养殖清淤机械化水平,单位为百分率(%)。

4.1.1.1　投饲机械化水平

按式(3)计算。

$$A_{11} = \frac{Q_{cjt}}{Q_{ct}} \times 100 \quad\cdots\cdots\cdots\cdots\cdots\cdots\cdots\cdots\cdots\cdots\cdots\quad (3)$$

式中:

Q_{cjt} ——机械投饲池塘养殖产量,指池塘养殖模式中采用机械(如喷浆机,机动、气动及太阳能投饲机、投饲车等)进行投饲作业的养殖产量,单位为吨(t);

Q_{ct}——池塘养殖总产量,指采用池塘养殖模式养殖水产品的总产量,单位为吨(t)。

4.1.1.2 水质调控机械化水平

按式(4)计算。

$$A_{12} = \frac{Q_{cjs}}{Q_{ct}} \times 100 \quad \cdots\cdots\cdots\cdots\cdots\cdots\cdots\cdots\cdots\cdots\cdots\cdots\cdots\cdots (4)$$

式中:

Q_{cjs}——机械水质调控池塘养殖产量(水质调控环节包括增氧、水质监测、消毒、杀菌、水循环、过滤等),指池塘养殖模式中,若只使用了增氧机械(如叶轮式、水车式、充气式、喷水式、射流式、管式、涡轮喷射式及风力增氧机等),机械水质调控池塘养殖产量按50%计算。除增氧机外,还使用其他任意一种水质调控机械,机械水质调控池塘养殖产量按100%计算,单位为吨(t)。

4.1.1.3 起捕机械化水平

按式(5)计算。

$$A_{13} = \frac{Q_{cjq}}{Q_{ct}} \times 100 \quad \cdots\cdots\cdots\cdots\cdots\cdots\cdots\cdots\cdots\cdots\cdots\cdots\cdots\cdots (5)$$

式中:

Q_{cjq}——机械起捕池塘养殖产量,指池塘养殖模式中采用机械(如起网机等)进行起捕作业的养殖产量,单位为吨(t)。

4.1.1.4 清淤机械化水平

按式(6)计算。

$$A_{14} = \frac{Q_{cjy}}{Q_{ct}} \times 100 \quad \cdots\cdots\cdots\cdots\cdots\cdots\cdots\cdots\cdots\cdots\cdots\cdots\cdots\cdots (6)$$

式中:

Q_{cjy}——机械清淤池塘养殖产量,指池塘养殖模式中采用机械(含土建工程机械,如推土机、装载机、铲运机、铲车、索铲、全液压水陆两用挖泥船和泥浆泵等)进行清淤作业的池塘的养殖产量,单位为吨(t)。

4.1.2 网箱养殖机械化水平

按式(7)计算。

$$A_2 = 0.30A_{21} + 0.40A_{22} + 0.30A_{23} \quad \cdots\cdots\cdots\cdots\cdots\cdots\cdots\cdots\cdots\cdots (7)$$

式中:

A_{21}——网箱养殖投饲机械化水平,单位为百分率(%);

A_{22}——网箱养殖网箱清洗机械化水平,单位为百分率(%);

A_{23}——网箱养殖起捕机械化水平,单位为百分率(%)。

4.1.2.1 投饲机械化水平

按式(8)计算。

$$A_{21} = \frac{Q_{wjt}}{Q_{wt}} \times 100 \quad \cdots\cdots\cdots\cdots\cdots\cdots\cdots\cdots\cdots\cdots\cdots\cdots\cdots\cdots (8)$$

式中:

Q_{wjt}——机械投饲网箱养殖产量,指网箱养殖模式中采用机械(如喷浆机,机动、气动及太阳能投饲机,投饲车,投饲船等)进行投饲的养殖产量,单位为吨(t);

Q_{wt}——网箱养殖总产量,指采用网箱养殖模式养殖水产品的总产量,单位为吨(t)。

4.1.2.2 网箱清洗机械化水平

按式(9)计算。

$$A_{22} = \frac{Q_{wjx}}{Q_{wt}} \times 100 \quad \cdots\cdots\cdots\cdots\cdots\cdots\cdots\cdots\cdots\cdots\cdots\cdots\cdots\cdots (9)$$

式中:

Q_{wjx}——机械清洗网箱养殖产量,指网箱养殖模式中采用机械进行清洗网箱的水域的养殖产量,单位为吨(t)。

4.1.2.3 起捕机械化水平

按式(10)计算。

$$A_{23} = \frac{Q_{wjq}}{Q_{wt}} \times 100 \cdots\cdots\cdots\cdots (10)$$

式中:

Q_{wjq}——机械起捕网箱养殖产量,指网箱养殖模式中采用机械(如起网机、气幕赶鱼器、吸鱼泵等)进行起捕的养殖产量,单位为吨(t)。

4.1.3 工厂化养殖机械化水平

按式(11)计算。

$$A_3 = 0.25A_{31} + 0.40A_{32} + 0.35A_{33} \cdots\cdots\cdots\cdots (11)$$

式中:

A_{31}——工厂化养殖投饲机械化水平,单位为百分率(%);

A_{32}——工厂化养殖水质调控机械化水平,由于工厂化养殖水质调控机械应用广泛,按照100%计算;

A_{33}——工厂化养殖起捕机械化水平,单位为百分率(%)。

4.1.3.1 投饲机械化水平

按式(12)计算。

$$A_{31} = \frac{Q_{gjt}}{Q_{gt}} \times 100 \cdots\cdots\cdots\cdots (12)$$

式中:

Q_{gjt}——机械投饲工厂化养殖产量,指工厂化养殖模式中采用机械(如喷浆机,机动、气动及太阳能投饲机,投饲车等)进行投饲作业的养殖产量,单位为吨(t);

Q_{gt}——工厂化养殖总产量,指采用工厂化养殖模式养殖水产品的总产量,单位为吨(t)。

4.1.3.2 起捕机械化水平

按式(13)计算。

$$A_{33} = \frac{Q_{gjq}}{Q_{gt}} \times 100 \cdots\cdots\cdots\cdots (13)$$

式中:

Q_{gjq}——机械起捕工厂化养殖产量,指工厂化养殖模式中采用机械(如起网机等)进行起捕作业的养殖产量,单位为吨(t)。

4.1.4 筏式吊笼与底播养殖机械化水平

按式(14)计算。

$$A_4 = 0.45A_{41} + 0.55A_{42} \cdots\cdots\cdots\cdots (14)$$

式中:

A_{41}——筏式吊笼与底播养殖投苗机械化水平,单位为百分率(%);

A_{42}——筏式吊笼与底播养殖采收机械化水平,单位为百分率(%)。

4.1.4.1 投苗机械化水平

按式(15)计算。

$$A_{41} = \frac{Q_{fjt}}{Q_{ft}} \times 100 \cdots\cdots\cdots\cdots (15)$$

式中:

Q_{fjt}——机械投苗养殖产量,指筏式吊笼与底播养殖模式中采用机械进行投苗作业的养殖产量,若只使用了动力渔船,机械投苗产量按50%计算。除动力渔船外,还使用其他任意一种投苗机械(如贝类播种机械、藻类打桩机等),机械投苗养殖产量按100%计算,单位为吨(t);

Q_{ft}——筏式吊笼与底播养殖总产量,指采用筏式吊笼与底播养殖模式养殖水产品的总产量,单位为吨(t)。

4.1.4.2 采收机械化水平

按式(16)计算。

$$A_{42} = \frac{Q_{fjc}}{Q_{ft}} \times 100 \quad\cdots\cdots\cdots\cdots\cdots\cdots\cdots\cdots\cdots\cdots\cdots\cdots\cdots\cdots\cdots\cdots\cdots (16)$$

式中:

Q_{fjc}——机械采收养殖产量,指筏式吊笼与底播养殖模式中采用机械进行采收作业的养殖产量,若只使用了动力渔船,机械采收产量按50%计算。除动力渔船外,还使用其他任意一种采收机械(如贝类采捕机械、藻类收割机、采苗机等),机械采收养殖产量按100%计算,单位为吨(t)。

4.2 二级指标权重

4.2.1 池塘养殖机械化水平权重

按式(17)计算。

$$\alpha_1 = \frac{Q_{ct}}{Q_{ct} + Q_{wt} + Q_{gt} + Q_{ft}} \quad\cdots\cdots\cdots\cdots\cdots\cdots\cdots\cdots\cdots\cdots\cdots (17)$$

4.2.2 网箱养殖机械化水平权重

按式(18)计算。

$$\alpha_2 = \frac{Q_{wt}}{Q_{ct} + Q_{wt} + Q_{gt} + Q_{ft}} \quad\cdots\cdots\cdots\cdots\cdots\cdots\cdots\cdots\cdots\cdots\cdots (18)$$

4.2.3 工厂化养殖机械化水平权重

按式(19)计算。

$$\alpha_3 = \frac{Q_{gt}}{Q_{ct} + Q_{wt} + Q_{gt} + Q_{ft}} \quad\cdots\cdots\cdots\cdots\cdots\cdots\cdots\cdots\cdots\cdots\cdots (19)$$

4.2.4 筏式吊笼与底播养殖机械化水平权重

按式(20)计算。

$$\alpha_4 = \frac{Q_{ft}}{Q_{ct} + Q_{wt} + Q_{gt} + Q_{ft}} \quad\cdots\cdots\cdots\cdots\cdots\cdots\cdots\cdots\cdots\cdots\cdots (20)$$

ICS 65.060.30
B 91

中华人民共和国农业行业标准

NY/T 3491—2019

玉米免耕播种机适用性评价方法

The evaluation method of suitability for no-tillage maize planter

2019-08-01 发布

2019-11-01 实施

中华人民共和国农业农村部 发布

NY/T 3491—2019

前　言

本标准按照 GB/T 1.1—2009 给出的规则起草。

本标准由农业农村部农业机械化管理司提出。

本标准由全国农业机械标准化技术委员会农业机械化分技术委员会(SAC/TC 201/SC 2)归口。

本标准起草单位:山西省农业机械质量监督管理站、山西河东雄风农机有限公司、吉林省康达农业机械有限公司。

本标准主要起草人:赵建红、丁建民、张晓军、杨铁成、李德言、闫志文、王海江、周航杰。

玉米免耕播种机适用性评价方法

1 范围

本标准规定了玉米免耕播种机适用性评价方法的术语和定义、评价项目及权重、评价条件、评价方法、评价规则和结论。

本标准适用于玉米免耕(施肥)播种机的适用性评价。

2 规范性引用文件

下列文件对于本文件的应用是必不可少的。凡是注日期的引用文件,仅注日期的版本适用于本文件。凡是不注日期的引用文件,其最新版本(包括所有的修改单)适用于本文件。

GB 4404.1—2008　粮食作物种子　第1部分:禾谷类

GB/T 5262　农业机械试验条件　测定方法的一般规定

GB/T 6973—2005　单粒(精密)播种机试验方法

GB/T 20865　免(少)耕施肥播种机

NY/T 500—2015　秸秆粉碎还田机　作业质量

3 术语和定义

下列术语和定义适用于本文件。

3.1

玉米免耕播种机　maize no-tillage seeding machine

用于在有前茬作物秸秆、残茬覆盖并未经任何耕作的地块上进行玉米播种(施肥)作业的机具。

3.2

秸秆覆盖量　vegetation cover quantity

地表上单位面积内覆盖的秸秆、残茬和杂草的质量。

3.3

作业通过性　pass through ability of operating

在规定条件下,机具克服作物秸秆、残茬壅堵保持正常作业的能力。

4 评价项目及权重

玉米免耕播种机适用性评价项目及权重见表1。

表1　玉米免耕播种机适用性评价项目及权重

序号	项目名称	权重
1	作业通过性	0.55
2	播种深度合格率	0.25
3	粒距合格指数	0.20

5 评价条件

根据产品使用说明书明示的适用前茬作物种类,在秸秆相对含水率经换算为17%的情况下,按照秸秆处理方式和秸秆覆盖量划分,玉米免耕播种机适用性评价条件见表2。

表 2　玉米免耕播种机适用性评价条件

序号	评价条件	秸秆处理方式	前茬作物秸秆覆盖量，kg/m²	
			小麦秸秆	玉米秸秆
1	L1	根茬覆盖	0.2～0.7	0.2～0.5
2	L2	秸秆粉碎覆盖	0.7～1.0	0.5～1.0
3	L3		1.0～1.5	1.0～1.8
4	L4	整秆覆盖	0.7～1.0	—
5	L5		1.0～1.5	

按式(1)计算秸秆覆盖量。

$$W = \frac{(1-S)}{(1-0.17)} \times W_1 \quad \cdots\cdots\cdots\cdots\cdots\cdots\cdots\cdots\cdots\cdots \quad (1)$$

式中：

W——秸秆相对含水率经换算为17%时的秸秆覆盖量，单位为千克每平方米(kg/m²)；

W_1——试验中测得的秸秆覆盖量，单位为千克每平方米(kg/m²)；

S——试验中测得的秸秆相对含水率。

6　评价方法

6.1　试验测评法

6.1.1　抽样

在企业近一年内生产的合格品中随机抽取 1 台，抽样基数不少于 5 台。在不同区域评价时，可分别抽样。

6.1.2　试验条件和要求

6.1.2.1　参与适用性评价的配套拖拉机应按使用说明书要求选配，且拖拉机和样机应状态完好，试验前应按使用说明书要求将样机调整至正常作业状态。

6.1.2.2　适用性评价前应按产品规格表对样机主要技术参数进行核对与测量，产品规格表参见附录 A。委托方需提供产品使用说明书、企业明示执行标准等相关技术文件。

6.1.2.3　试验用种子应符合 GB 4404.1—2008 中 4.2.2 条规定的玉米种子质量要求。

6.1.2.4　根据评价条件选择试验用地，长度不小于 80 m，宽度不小于 5 个作业幅宽。调查前茬作物种类、秸秆处理方式，测定土壤绝对含水率、秸秆(根茬)相对含水率和秸秆覆盖量等作业条件，测定相关内容按 GB/T 5262 的规定进行。对秸秆粉碎覆盖，秸秆粉碎长度合格率不小于 85%，抛撒不均匀率不大于 20%，测定方法按 NY/T 500—2015 中 5.1.4.1、5.1.4.3 的规定执行。

6.1.2.5　根据使用说明书明示的产品适用前茬作物种类、秸秆处理方式及秸秆覆盖量的范围，选择表 2 对应的评价条件；并结合当地农艺要求，分别对每种评价条件进行往返各一个行程的试验，并记录试验结果。

6.1.3　评价项目测定

6.1.3.1　作业通过性

在符合评价条件设定的条件下，按使用说明书明示的正常工作速度匀速作业，测区长度不少于 60m，往返各一个行程。逐行观察作业过程中有无挂草、堵塞、拖堆等情况，记录观测结果。按表 3 要求进行计分。

6.1.3.2　播种深度合格率

在往返各一个单程内预先交错选定好的 5 个小区内进行检测，各小区内每行测 5 点，测定行数为 6 行，选左、中、右各 2 行，播种行数少于 6 行全测；扒开土层，测定种子上部覆盖土层的厚度，统计覆土深度为(h±1)cm[播深小于 3 cm 时，(h±0.5)cm]范围内的合格点数。按式(2)计算播种深度合格率。

$$H = \frac{h_1}{h_0} \times 100 \quad \cdots\cdots\cdots\cdots\cdots\cdots\cdots\cdots\cdots\cdots\cdots \quad (2)$$

式中：

H——播种深度合格率,单位为百分率(%);

h_1——播种深度合格点数,单位为个;

h_0——测定点数,单位为个。

6.1.3.3 粒距合格指数

测定小区位置同 6.1.3.2,各小区每行测定长度为连续不少于 10 个粒距,总测定长度应不少于规定所播种子的 250 粒距长度,按 GB/T 6973—2005 中 6.1.1 和 6.1.2.1 的规定处理数据并计算粒距合格指数。

6.2 调查测评法

6.2.1 调查用户在使用说明书明示的适用前茬作物种类对应区域范围内选定,应涵盖玉米免耕播种机适用的所有前茬作物种类及秸秆处理方式、秸秆覆盖量影响因素的不同水平。

6.2.2 调查用户应在使用机器满一个作业季节的用户中随机抽取。每种评价条件抽取 5 户进行调查,抽样基数不少于 15 户。

6.2.3 调查采取实地走访、电话调查或函调等方式进行,其中每种评价条件采用实地调查用户不少于 2 户。

6.2.4 用户根据玉米免耕播种机在每种评价条件下作业通过性、播种深度合格率、粒距合格指数等作业质量的实际表现按"优、良、一般、较差、差"五级进行评价。适用性用户调查记录及汇总表参见附录 B 和附录 C。

6.3 综合测评法

根据使用说明书明示的产品适用区域内作物种类、秸秆处理方式及秸秆覆盖量影响因素的不同水平,采用试验测评法和调查测评法相结合进行评价。每种评价条件选择一种测评方法对玉米免耕播种机的适用性进行测评。

6.4 评价方法的选用原则

对于新产品和采用新技术产品的适用性评价,应优先采用试验测评法;对于技术相对成熟、在适用区域拥有产销量大的产品,推荐采用调查测评法;由于客观条件限制,无法仅用试验测评法或调查测评法对样机进行评价时,可采用综合测评法。

7 评价规则和结论

7.1 评价规则

7.1.1 测评结果评价分值

试验测评结果与评价分值的对应关系见表 3,调查测评结果"优、良、一般、较差、差"对应的评价分值分别为"5、4、3、2、1",每种评价条件的测评结果取调查户数赋值的平均值。

表 3 试验测评结果与评价分值的对应关系

试验测评结果				评价分值
作业通过性		播种深度合格率	粒距合格指数	
类别	堵塞情况			
D1	无挂草现象发生	$H>A(1+20\%)$	$L>B(1+20\%)$	5
D2	2 次及以下被秸秆和杂草堵塞,堵塞物可自然滑落	$A(1+10\%)<H\leqslant A(1+20\%)$	$B(1+10\%)<L\leqslant B(1+20\%)$	4
D3	3 次及以上被秸秆和杂草堵塞,堵塞物可自然滑落	$A(1-10\%)<H\leqslant A(1+10\%)$	$B(1-10\%)<L\leqslant B(1+10\%)$	3
D4	机具被秸秆和杂草堵塞,停机 1 次,需人工清理	$A(1-20\%)<H\leqslant A(1-10\%)$	$B(1-20\%)<L\leqslant B(1-10\%)$	2
D5	机具被秸秆和杂草堵塞,停机 1 次以上,需人工清理或产生严重拖堆情况,致使无法正常工作	$H\leqslant A(1-20\%)$	$L\leqslant B(1-20\%)$	1
注 1:H、L 分别代表试验测评法中实测的播种深度合格率、粒距合格指数。				
注 2:A、B 分别代表 GB/T 20865 中的播种深度合格率、粒(穴)距合格指数性能指标。				

7.1.2 单一评价条件适用度计算

按式(3)计算样机在某一评价条件内的适用度。

$$E_j = \sum_{i=1}^{3} E_i \times S_i \quad \cdots\cdots\cdots\cdots\cdots\cdots\cdots\cdots\cdots\cdots\cdots\cdots\cdots\cdots\cdots\cdots (3)$$

式中：

E_j——样机在 j 种评价条件下的适用性评价分值，即适用度；

E_i——在 j 种评价条件下 i 评价项目的评价分值；

S_i—— i 评价项目的权重系数。

7.1.3 多种评价条件适用度计算

按式(4)计算样机在多种评价条件的适用度。

$$E = \frac{\sum_{j=1}^{N} E_j}{N} \quad \cdots\cdots\cdots\cdots\cdots\cdots\cdots\cdots\cdots\cdots\cdots\cdots\cdots\cdots\cdots\cdots (4)$$

式中：

E——多种评价条件样机的适用性评价分值，即适用度；

N——评价条件数。

7.2 评价结论

7.2.1 评价原则

适用度与单项或综合评价结果的对应关系见表4。

表4 适用度与单项或综合评价结果对应关系

适用度 E	$E<3$	$3 \leqslant E \leqslant 4$	$E>4$
评价结果	不适用	基本适用	适用

7.2.2 结论表述

适用性评价报告应给出明确的判定结论。评价结论的描述应包含评价区域、评价条件、评价方法、单项或综合评价结论以及不适用的情况说明。

附　录　A

（资料性附录）

产　品　规　格　表

产品规格表见表 A.1。

表 A.1　产品规格表

序号	项　　目		单位	设计值
1	型号名称		—	
2	结构型式		—	
3	配套动力		kW	
4	工作状态外形尺寸(长×宽×高)		mm	
5	行距		mm	
6	工作行数		行	
7	工作幅宽		mm	
8	排种器	型式	—	
		数量	个	
9	排肥器	型式	—	
		数量	个	
10	种/肥箱容积		L	
11	种/肥排量调节方式		—	
12	播种传动机构型式		—	
13	排种开沟器	型式	—	
		数量	个	
14	排肥开沟器	型式	—	
		数量	个	
15	地轮	型式	—	
		直径	mm	
		高度调节范围	mm	
16	风机	型号名称	—	
		叶轮直径	mm	
		转速	r/min	
17	防缠工作部件型式		—	
18	破茬清垄工作部件型式		—	
19	覆土器型式		—	
20	镇压器型式		—	
注:工作状态是指样机停放在硬化检测场地上,机架处于水平状态(不含划行器)。				

企业负责人：　　　　　　　　　　　　　　　　　日期：　年　月　日

附　录　B
（资料性附录）
适用性用户调查表

适用性用户调查表见表 B.1。

表 B.1　适用性用户调查表

调查人：　　　　　　　　　　　　　　　　　　　　　　　　调查日期：　　年　月　日

<table>
<tr><td rowspan="5">用户情况</td><td>姓名</td><td colspan="2"></td><td>联系电话</td><td></td></tr>
<tr><td>年龄</td><td colspan="2"></td><td>文化程度</td><td></td></tr>
<tr><td>培训情况</td><td colspan="2">□ 未培训　□ 上机前培训　□ 专业培训</td><td>使用农机年限</td><td></td></tr>
<tr><td>住址</td><td colspan="4"></td></tr>
<tr><td colspan="5"></td></tr>
<tr><td rowspan="5">机器情况</td><td>型号名称</td><td colspan="4"></td></tr>
<tr><td>生产企业</td><td colspan="4"></td></tr>
<tr><td>购买日期</td><td colspan="2"></td><td>出厂编号</td><td></td></tr>
<tr><td>配套动力</td><td colspan="2">kW</td><td>累计工作时间或作业量</td><td>h 或　　　　hm²</td></tr>
<tr><td colspan="5"></td></tr>
<tr><td rowspan="2">评价条件</td><td>前茬作物为小麦</td><td colspan="4">□ L1：采用根茬覆盖，秸秆覆盖量为 0.2 kg/m²～0.7 kg/m²
□ L2：秸秆粉碎覆盖，秸秆覆盖量较小，为 0.7 kg/m²～1.0 kg/m²
□ L3：秸秆粉碎覆盖，秸秆覆盖量较大，为 1.0 kg/m²～1.5 kg/m²
□ L4：采用整秆覆盖，秸秆覆盖量较小，为 0.7 kg/m²～1.0 kg/m²
□ L5：采用整秆覆盖，秸秆覆盖量较大，为 1.0 kg/m²～1.5 kg/m²</td></tr>
<tr><td>前茬作物为玉米</td><td colspan="4">□ L1：采用根茬覆盖，秸秆覆盖量较小，为 0.2 kg/m²～0.5 kg/m²
□ L2：秸秆粉碎覆盖，秸秆覆盖量较小，为 0.5 kg/m²～1.0 kg/m²
□ L3：秸秆粉碎覆盖，秸秆覆盖量较大，为 1.0 kg/m²～1.8 kg/m²</td></tr>
<tr><td colspan="2">作业通过性
（以机具作业距离约为 120 m 为单位进行统计）</td><td colspan="4">□ 优：无挂草现象发生
□ 良：2 次及以下被秸秆和杂草堵塞，堵塞物可自然滑落
□ 一般：3 次及以上被秸秆和杂草堵塞，堵塞物可自然滑落
□ 较差：机具被秸秆和杂草堵塞，停机 1 次，需人工清理
□ 差：机具被秸秆和杂草堵塞，停机 1 次以上，需人工清理或产生严重拖堆情况，致使无法正常工作</td></tr>
<tr><td colspan="2">播种深度合格率</td><td colspan="4">□ 优　　　□ 良　　　□ 一般　　　□ 较差　　　□ 差</td></tr>
<tr><td colspan="2">粒距合格指数</td><td colspan="4">□ 优　　　□ 良　　　□ 一般　　　□ 较差　　　□ 差</td></tr>
<tr><td colspan="2">调查方式</td><td colspan="4">□ 实地　　　　　　□ 电话　　　　　　□ 信函</td></tr>
<tr><td colspan="6">注：每张用户调查表仅允许勾选一种"评价条件"，每种评价条件至少应调查 5 户（或台）。</td></tr>
</table>

附 录 C
（资料性附录）
适用性用户调查汇总表

适用性用户调查汇总表见表 C.1。

表 C.1 适用性用户调查汇总表

调查单位：　　　　　　　　　　　　　　　　　　　　　　　　调查日期：　年　月　日

前茬	性能指标	评价条件	优（户）	良（户）	一般（户）	较差（户）	差（户）	总分	平均分
小麦	作业通过性	L1							
		L2							
		L3							
		L4							
		L5							
	播种深度合格率	L1							
		L2							
		L3							
		L4							
		L5							
	粒距合格指数	L1							
		L2							
		L3							
		L4							
		L5							
玉米	作业通过性	L1							
		L2							
		L3							
	播种深度合格率	L1							
		L2							
		L3							
	粒距合格指数	L1							
		L2							
		L3							

注1：表中"户"指"户或台"。
注2："总分"为在不同评价条件中，该指标的各评价项目所统计的户或台数与相对应分值的乘积之和。
注3："平均分"为在不同评价条件中，该指标总分除以其各个评价项目的总户或台数。

汇总人：　　　　　　　　　　　　　　　　　　　　校核人：

ICS 65.060.30
B 91

中华人民共和国农业行业标准

NY/T 3529—2019

水稻插秧机报废技术条件

Technical requirements of scrapping for rice transplanters

2019-12-27 发布

2020-04-01 实施

中华人民共和国农业农村部 发布

前　言

本标准按照 GB/T 1.1—2009 给出的规则起草。

本标准由农业农村部农业机械化管理司提出。

本标准由全国农业机械标准化技术委员会农业机械化分技术委员会(SAC/TC 201/SC 2)归口。

本标准起草单位:江苏省农业机械试验鉴定站、农业农村部农业机械化管理司、农业农村部农业机械试验鉴定总站、江苏省农机化服务站、泰州市农业机械技术推广站。

本标准主要起草人:张平、王超柱、刘金、李建南、刘晶、郑小钢、王扬光、黄毅成、夏利利、刘颖、张婕、莫恭武、滕兆丽。

水稻插秧机报废技术条件

1 范围

本标准规定了水稻插秧机的报废要求和检测方法。

本标准适用于水稻插秧机。

2 报废要求

具备下列条件之一的水稻插秧机应报废：

a) 手扶式水稻插秧机使用年限大于 8 年,乘坐式水稻插秧机使用年限大于 10 年;

b) 乘坐式水稻插秧机在 20%的干硬坡道上,沿上、下坡方向使用停车制动装置不能可靠驻车;

c) 不能正常使用且无法修复;

d) 国家明令淘汰的。

注:使用年限从用户购买月份开始计算。

3 检测方法

3.1 驻车制动

乘坐式水稻插秧机处于道路行驶状态,驶上 20%的干硬坡道,用停车制动装置将水稻插秧机刹住,将变速器置于空挡,发动机熄火,在上、下坡两个方向应能可靠驻车,时间不少于 5 min。

ICS 65.060.99
B 93

中华人民共和国农业行业标准

NY/T 3530—2019

铡草机报废技术条件

Technical requirements of scrapping for choppers

2019-12-27 发布

2020-04-01 实施

中华人民共和国农业农村部 发布

NY/T 3530—2019

前　言

本标准按照 GB/T 1.1—2009 给出的规则起草。

本标准由农业农村部农业机械化管理司提出。

本标准由全国农业机械标准化技术委员会农业机械化分技术委员会(SAC/TC 201/SC 2)归口。

本标准起草单位:内蒙古自治区农牧业机械试验鉴定站、农业农村部农业机械试验鉴定总站、赤峰市农牧业机械化研究推广服务中心、呼伦贝尔市农机产品质量监督管理站、鄂温克族自治旗农牧业机械技术推广管理站、内蒙古自治区计量测试研究院、洛阳四达农机有限公司。

本标准主要起草人:荣杰、王强、吴鸣远、高云燕、张晓敏、王靖、郝宇、刘声春、赵双龙、庞爱平、李延军、郝楠森、郭丽萍、张明远、王延春、鲍君、蔡振超、赵永辉。

铡草机报废技术条件

1 范围

本标准规定了铡草机的报废要求。

本标准适用于铡草机。

2 规范性引用文件

下列文件对于本文件的应用是必不可少的。凡是注日期的引用文件,仅注日期的版本适用于本文件。凡是不注日期的引用文件,其最新版本(包括所有的修改单)适用于本文件。

GB 7681—2008 铡草机 安全技术要求

3 报废要求

具备下列条件之一的铡草机应报废:

a) 使用年限大于 10 年;

b) 经调整、维修后,安全要求不符合 GB 7681—2008 中 3.3、3.4、3.5、3.9 的规定;

c) 不能正常使用且无法修复;

d) 国家明令淘汰的。

注:使用年限从用户购买月份开始计算。

ICS 65.060.99
B 93

中华人民共和国农业行业标准

NY/T 3531—2019

饲料粉碎机报废技术条件

Technical requirements of scrapping for feed mills

2019-12-27 发布

2020-04-01 实施

中华人民共和国农业农村部 发布

前　言

本标准按照 GB/T 1.1—2009 给出的规则起草。

本标准由农业农村部农业机械化管理司提出。

本标准由全国农业机械标准化技术委员会农业机械化分技术委员会(SAC/TC 201/SC 2)归口。

本标准起草单位:内蒙古自治区农牧业机械试验鉴定站、农业农村部农业机械试验鉴定总站、赤峰市农牧业机械化研究推广服务中心、呼伦贝尔市农机产品质量监督管理站、呼伦贝尔市阿荣旗农牧业机械化培训推广服务中心、内蒙古自治区计量测试研究院、洛阳四达农机有限公司。

本标准主要起草人:吴鸣远、王强、荣杰、高云燕、张晓敏、赵晓风、陈雪琛、刘声春、赵双龙、董洁芳、李延军、郝楠森、张明远、郭丽萍、双福、王君、蔡振超、谢乐乐。

饲料粉碎机报废技术条件

1 范围

本标准规定了饲料粉碎机的报废要求。

本标准适用于饲料粉碎机。

2 规范性引用文件

下列文件对于本文件的应用是必不可少的。凡是注日期的引用文件，仅注日期的版本适用于本文件。凡是不注日期的引用文件，其最新版本（包括所有的修改单）适用于本文件。

JB/T 6270—2013 齿爪式饲料粉碎机

3 报废要求

具备下列条件之一的饲料粉碎机应报废：

a) 配套电动机功率小于等于 18 kW 的，使用年限大于 10 年；配套电动机功率大于 18 kW 的，使用年限大于 12 年；

b) 经调整、维修后，饲料粉碎机安全要求不符合 JB/T 6270—2013 中 5.1、5.2、5.6 的规定；

c) 不能正常使用且无法修复；

d) 国家明令淘汰的。

注：使用年限从用户购买月份开始计算。

ICS 65.060.50
B 91

中华人民共和国农业行业标准

NY/T 3532—2019

机动脱粒机报废技术条件

Technical requirements of scrapping for motor threshers

2019-12-27 发布

2020-04-01 实施

中华人民共和国农业农村部 发布

前　言

本标准按照 GB/T 1.1—2009 给出的规则起草。

本标准由农业农村部农业机械化管理司提出。

本标准由全国农业机械标准化技术委员会农业机械化分技术委员会(SAC/TC 201/SC 2)归口。

本标准起草单位:山西省农业机械发展中心、农业农村部农业机械化管理司、农业农村部农业机械试验鉴定总站、洛阳四达农机有限公司。

本标准主要起草人:王芳、武东平、李世伟、安邦、赵永辉、李钰、吴迪、李永涛、马超、谢乐乐、王海江、闫志文。

机动脱粒机报废技术条件

1 范围

本标准规定了机动脱粒机的报废要求。

本标准适用于机动脱粒机(以下简称脱粒机)。

2 规范性引用文件

下列文件对于本文件的应用是必不可少的。凡是注日期的引用文件,仅注日期的版本适用于本文件。凡是不注日期的引用文件,其最新版本(包括所有的修改单)适用于本文件。

JB/T 9777—2018　半喂入式稻麦脱粒机　技术条件

JB/T 9778—2018　全喂入式稻麦脱粒机　技术条件

JB/T 10749—2018　玉米脱粒机

3 报废要求

具备下列条件之一的脱粒机应报废:

a)　使用年限大于 8 年;

b)　经调整、维修后,半喂入式稻麦脱粒机安全技术要求不符合 JB/T 9777—2018 中 3.1、3.2 的规定,全喂入式稻麦脱粒机安全技术要求不符合 JB/T 9778—2018 中 3.1、3.2 的规定,玉米脱粒机安全技术要求不符合 JB/T 10749—2018 中 6.1、6.2、6.4 的规定;

c)　不能正常使用且无法修复;

d)　国家明令淘汰的。

注:使用年限从用户购买月份开始计算。

附录

中华人民共和国农业农村部公告
第 127 号

《苹果腐烂病抗性鉴定技术规程》等 41 项标准业经专家审定通过,现批准发布为中华人民共和国农业行业标准,自 2019 年 9 月 1 日起实施。

特此公告。

附件:《苹果腐烂病抗性鉴定技术规程》等 41 项农业行业标准目录

农业农村部

2019 年 1 月 17 日

附件：

《苹果腐烂病抗性鉴定技术规程》等41项农业行业标准目录

序号	标准号	标准名称	代替标准号
1	NY/T 3344—2019	苹果腐烂病抗性鉴定技术规程	
2	NY/T 3345—2019	梨黑星病抗性鉴定技术规程	
3	NY/T 3346—2019	马铃薯抗青枯病鉴定技术规程	
4	NY/T 3347—2019	玉米籽粒生理成熟后自然脱水速率鉴定技术规程	
5	NY/T 3413—2019	葡萄病虫害防治技术规程	
6	NY/T 3414—2019	日晒高温覆膜法防治韭蛆技术规程	
7	NY/T 3415—2019	香菇菌棒工厂化生产技术规范	
8	NY/T 3416—2019	茭白储运技术规范	
9	NY/T 3417—2019	苹果树主要害虫调查方法	
10	NY/T 3418—2019	杏鲍菇等级规格	
11	NY/T 3419—2019	茶树高温热害等级	
12	NY/T 3420—2019	土壤有效硒的测定　氢化物发生原子荧光光谱法	
13	NY/T 3421—2019	家蚕核型多角体病毒检测　荧光定量 PCR 法	
14	NY/T 3422—2019	肥料和土壤调理剂　氟含量的测定	
15	NY/T 3423—2019	肥料增效剂　3,4-二甲基吡唑磷酸盐(DMPP)含量的测定	
16	NY/T 3424—2019	水溶肥料　无机砷和有机砷含量的测定	
17	NY/T 3425—2019	水溶肥料　总铬、三价铬和六价铬含量的测定	
18	NY/T 3426—2019	玉米细胞质雄性不育杂交种生产技术规程	
19	NY/T 3427—2019	棉花品种枯萎病抗性鉴定技术规程	
20	NY/T 3428—2019	大豆品种大豆花叶病毒病抗性鉴定技术规程	
21	NY/T 3429—2019	芝麻品种资源耐湿性鉴定技术规程	
22	NY/T 3430—2019	甜菜种子活力测定　高温处理法	
23	NY/T 3431—2019	植物品种特异性、一致性和稳定性测试指南　补血草属	
24	NY/T 3432—2019	植物品种特异性、一致性和稳定性测试指南　万寿菊属	
25	NY/T 3433—2019	植物品种特异性、一致性和稳定性测试指南　枇杷属	
26	NY/T 3434—2019	植物品种特异性、一致性和稳定性测试指南　柱花草属	
27	NY/T 3435—2019	植物品种特异性、一致性和稳定性测试指南　芥蓝	
28	NY/T 3436—2019	柑橘属品种鉴定　SSR 分子标记法	
29	NY/T 3437—2019	沼气工程安全管理规范	
30	NY/T 1220.1—2019	沼气工程技术规范　第1部分:工程设计	NY/T 1220.1—2006
31	NY/T 1220.2—2019	沼气工程技术规范　第2部分:输配系统设计	NY/T 1220.2—2006
32	NY/T 1220.3—2019	沼气工程技术规范　第3部分:施工及验收	NY/T 1220.3—2006
33	NY/T 1220.4—2019	沼气工程技术规范　第4部分:运行管理	NY/T 1220.4—2006
34	NY/T 1220.5—2019	沼气工程技术规范　第5部分:质量评价	NY/T 1220.5—2006
35	NY/T 3438.1—2019	村级沼气集中供气站技术规范　第1部分:设计	

（续）

序号	标准号	标准名称	代替标准号
36	NY/T 3438.2—2019	村级沼气集中供气站技术规范　第2部分:施工与验收	
37	NY/T 3438.3—2019	村级沼气集中供气站技术规范　第3部分:运行管理	
38	NY/T 3439—2019	沼气工程钢制焊接发酵罐技术条件	
39	NY/T 3440—2019	生活污水净化沼气池质量验收规范	
40	NY/T 3441—2019	蔬菜废弃物高温堆肥无害化处理技术规程	
41	NY/T 3442—2019	畜禽粪便堆肥技术规范	

中华人民共和国农业农村部公告
第 196 号

《耕地质量监测技术规程》等 123 项标准业经专家审定通过,现批准发布为中华人民共和国农业行业标准,自 2019 年 11 月 1 日起实施。

特此公告。

附件:《耕地质量监测技术规程》等 123 项农业行业标准目录

农业农村部
2019 年 8 月 1 日

附件：

《耕地质量监测技术规程》等 123 项农业行业标准目录

序号	标准号	标准名称	代替标准号
1	NY/T 1119—2019	耕地质量监测技术规程	NY/T 1119—2012
2	NY/T 3443—2019	石灰质改良酸化土壤技术规范	
3	NY/T 3444—2019	牦牛冷冻精液生产技术规程	
4	NY/T 3445—2019	畜禽养殖场档案规范	
5	NY/T 3446—2019	奶牛短脊椎畸形综合征检测 PCR 法	
6	NY/T 3447—2019	金川牦牛	
7	NY/T 3448—2019	天然打草场退化分级	
8	NY/T 821—2019	猪肉品质测定技术规程	NY/T 821—2004
9	NY/T 3449—2019	河曲马	
10	NY/T 3450—2019	家畜遗传资源保种场保种技术规范　第 1 部分：总则	
11	NY/T 3451—2019	家畜遗传资源保种场保种技术规范　第 2 部分：猪	
12	NY/T 3452—2019	家畜遗传资源保种场保种技术规范　第 3 部分：牛	
13	NY/T 3453—2019	家畜遗传资源保种场保种技术规范　第 4 部分：绵羊、山羊	
14	NY/T 3454—2019	家畜遗传资源保种场保种技术规范　第 5 部分：马、驴	
15	NY/T 3455—2019	家畜遗传资源保种场保种技术规范　第 6 部分：骆驼	
16	NY/T 3456—2019	家畜遗传资源保种场保种技术规范　第 7 部分：家兔	
17	NY/T 3457—2019	牦牛舍饲半舍饲生产技术规范	
18	NY/T 3458—2019	种鸡人工授精技术规程	
19	NY/T 822—2019	种猪生产性能测定规程	NY/T 822—2004
20	NY/T 3459—2019	种猪遗传评估技术规范	
21	NY/T 3460—2019	家畜遗传资源保护区保种技术规范	
22	NY/T 3461—2019	草原建设经济生态效益评价技术规程	
23	NY/T 3462—2019	全株玉米青贮霉菌毒素控制技术规范	
24	NY/T 566—2019	猪丹毒诊断技术	NY/T 566—2002
25	NY/T 3463—2019	禽组织滴虫病诊断技术	
26	NY/T 3464—2019	牛泰勒虫病诊断技术	
27	NY/T 3465—2019	山羊关节炎脑炎诊断技术	
28	NY/T 1187—2019	鸡传染性贫血诊断技术	NY/T 681—2003，NY/T 1187—2006
29	NY/T 3466—2019	实验用猪微生物学等级及监测	
30	NY/T 575—2019	牛传染性鼻气管炎诊断技术	NY/T 575—2002
31	NY/T 3467—2019	牛羊饲养场兽医卫生规范	
32	NY/T 3468—2019	猪轮状病毒间接 ELISA 抗体检测方法	
33	NY/T 3363—2019	畜禽屠宰加工设备　猪剥皮机	NY/T 3363—2018（SB/T 10493—2008）
34	NY/T 3364—2019	畜禽屠宰加工设备　猪胴体劈半锯	NY/T 3364—2018（SB/T 10494—2008）
35	NY/T 3469—2019	畜禽屠宰操作规程　羊	
36	NY/T 3470—2019	畜禽屠宰操作规程　兔	
37	NY/T 3471—2019	畜禽血液收集技术规范	

(续)

序号	标准号	标准名称	代替标准号
38	NY/T 3472—2019	畜禽屠宰加工设备 家禽自动掏膛生产线技术条件	
39	NY/T 3473—2019	饲料中纽甜、阿力甜、阿斯巴甜、甜蜜素、安赛蜜、糖精钠的测定 液相色谱-串联质谱法	
40	NY/T 3474—2019	卵形鲳鲹配合饲料	
41	NY/T 3475—2019	饲料中貂、狐、貉源性成分的定性检测 实时荧光 PCR 法	
42	NY/T 3476—2019	饲料原料 甘蔗糖蜜	
43	NY/T 3477—2019	饲料原料 酿酒酵母细胞壁	
44	NY/T 3478—2019	饲料中尿素的测定	
45	NY/T 132—2019	饲料原料 花生饼	NY/T 132—1989
46	NY/T 123—2019	饲料原料 米糠饼	NY/T 123—1989
47	NY/T 124—2019	饲料原料 米糠粕	NY/T 124—1989
48	NY/T 3479—2019	饲料中氢溴酸常山酮的测定 液相色谱-串联质谱法	
49	NY/T 3480—2019	饲料中那西肽的测定 高效液相色谱法	
50	SC/T 7228—2019	传染性肌坏死病诊断规程	
51	SC/T 7230—2019	贝类包纳米虫病诊断规程	
52	SC/T 7231—2019	贝类折光马尔太虫病诊断规程	
53	SC/T 4047—2019	海水养殖用扇贝笼通用技术要求	
54	SC/T 4046—2019	渔用超高分子量聚乙烯网线通用技术条件	
55	SC/T 6093—2019	工厂化循环水养殖车间设计规范	
56	SC/T 7002.15—2019	渔船用电子设备环境试验条件和方法 温度冲击	
57	SC/T 6017—2019	水车式增氧机	SC/T 6017—1999
58	SC/T 3110—2019	冻虾仁	SC/T 3110—1996
59	SC/T 3124—2019	鲜、冻养殖河豚鱼	
60	SC/T 5108—2019	锦鲤售卖场条件	
61	SC/T 5709—2019	金鱼分级 水泡眼	
62	SC/T 7016.13—2019	鱼类细胞系 第13部分:鲫细胞系(CAR)	
63	SC/T 7016.14—2019	鱼类细胞系 第14部分:锦鲤吻端细胞系(KS)	
64	SC/T 7229—2019	鲤浮肿病诊断规程	
65	SC/T 2092—2019	脊尾白虾 亲虾	
66	SC/T 2097—2019	刺参人工繁育技术规范	
67	SC/T 4050.1—2019	拖网渔具通用技术要求 第1部分:网衣	
68	SC/T 4050.2—2019	拖网渔具通用技术要求 第2部分:浮子	
69	SC/T 9433—2019	水产种质资源描述通用要求	
70	SC/T 1143—2019	淡水珍珠蚌鱼混养技术规范	
71	SC/T 2093—2019	大泷六线鱼 亲鱼和苗种	
72	SC/T 4049—2019	超高分子量聚乙烯网片 绞捻型	
73	SC/T 9434—2019	水生生物增殖放流技术规范 金乌贼	
74	SC/T 1142—2019	水产新品种生长性能测试 鱼类	
75	SC/T 4048.1—2019	深水网箱通用技术要求 第1部分:框架系统	
76	SC/T 9429—2019	淡水渔业资源调查规范 河流	
77	SC/T 2095—2019	大型藻类养殖容量评估技术规范 营养盐供需平衡法	
78	SC/T 3211—2019	盐渍裙带菜	SC/T 3211—2002
79	SC/T 3213—2019	干裙带菜叶	SC/T 3213—2002
80	SC/T 2096—2019	三疣梭子蟹人工繁育技术规范	

（续）

序号	标准号	标准名称	代替标准号
81	SC/T 9430—2019	水生生物增殖放流技术规范　鳜	
82	SC/T 1137—2019	淡水养殖水质调节用微生物制剂　质量与使用原则	
83	SC/T 9431—2019	水生生物增殖放流技术规范　拟穴青蟹	
84	SC/T 9432—2019	水生生物增殖放流技术规范　海蜇	
85	SC/T 1140—2019	莫桑比克罗非鱼	
86	SC/T 2098—2019	裙带菜人工繁育技术规范	
87	SC/T 6137—2019	养殖渔情信息采集规范	
88	SC/T 2099—2019	牙鲆人工繁育技术规范	
89	SC/T 3053—2019	水产品及其制品中虾青素含量的测定　高效液相色谱法	
90	SC/T 1139—2019	细鳞鲴	
91	SC/T 9435—2019	水产养殖环境(水体、底泥)中孔雀石绿的测定　高效液相色谱法	
92	SC/T 1141—2019	尖吻鲈	
93	NY/T 1766—2019	农业机械化统计基础指标	NY/T 1766—2009
94	NY/T 985—2019	根茬粉碎还田机　作业质量	NY/T 985—2006
95	NY/T 1227—2019	残地膜回收机　作业质量	NY/T 1227—2006
96	NY/T 3481—2019	根茎类中药材收获机　质量评价技术规范	
97	NY/T 3482—2019	谷物干燥机质量调查技术规范	
98	NY/T 1830—2019	拖拉机和联合收割机安全技术检验规范	NY/T 1830—2009
99	NY/T 2207—2019	轮式拖拉机能效等级评价	NY/T 2207—2012
100	NY/T 1629—2019	拖拉机排气烟度限值	NY/T 1629—2008
101	NY/T 3483—2019	马铃薯全程机械化生产技术规范	
102	NY/T 3484—2019	黄淮海地区保护性耕作机械化作业技术规范	
103	NY/T 3485—2019	西北内陆棉区棉花全程机械化生产技术规范	
104	NY/T 3486—2019	蔬菜移栽机　作业质量	
105	NY/T 1828—2019	机动插秧机　质量评价技术规范	NY/T 1828—2009
106	NY/T 3487—2019	厢式果蔬烘干机　质量评价技术规范	
107	NY/T 1534—2019	水稻工厂化育秧技术规程	NY/T 1534—2007
108	NY/T 209—2019	农业轮式拖拉机　质量评价技术规范	NY/T 209—2006
109	NY/T 3488—2019	农业机械重点检查技术规范	
110	NY/T 364—2019	种子拌药机　质量评价技术规范	NY/T 364—1999
111	NY/T 3489—2019	农业机械化水平评价　第2部分:畜牧养殖	
112	NY/T 3490—2019	农业机械化水平评价　第3部分:水产养殖	
113	NY/T 3491—2019	玉米免耕播种机适用性评价方法	
114	NY/T 3492—2019	农业生物质原料　样品制备	
115	NY/T 3493—2019	农业生物质原料　粗蛋白测定	
116	NY/T 3494—2019	农业生物质原料　纤维素、半纤维素、木质素测定	
117	NY/T 3495—2019	农业生物质原料热重分析法　通则	
118	NY/T 3496—2019	农业生物质原料热重分析法　热裂解动力学参数	
119	NY/T 3497—2019	农业生物质原料热重分析法　工业分析	
120	NY/T 3498—2019	农业生物质原料成分测定　元素分析仪法	
121	NY/T 3499—2019	受污染耕地治理与修复导则	
122	NY/T 3500—2019	农业信息基础共享元数据	
123	NY/T 3501—2019	农业数据共享技术规范	

中华人民共和国农业农村部公告
第 197 号

　　《饲料中硝基咪唑类药物的测定　液相色谱-质谱法》等10项标准业经专家审定通过,现批准发布为中华人民共和国农业行业标准,自2020年1月1日起实施。

　　特此公告。

　　附件:《饲料中硝基咪唑类药物的测定　液相色谱-质谱法》等10项国家标准目录

农业农村部

2019 年 8 月 1 日

附件：

《饲料中硝基咪唑类药物的测定　液相色谱-质谱法》
等 10 项国家标准目录

序号	标准号	标准名称	代替标准号
1	农业农村部公告第 197 号—1—2019	饲料中硝基咪唑类药物的测定　液相色谱-质谱法	农业部 1486 号公告—4—2010
2	农业农村部公告第 197 号—2—2019	饲料中盐酸沃尼妙林和泰妙菌素的测定　液相色谱-串联质谱法	
3	农业农村部公告第 197 号—3—2019	饲料中硫酸新霉素的测定　液相色谱-串联质谱法	
4	农业农村部公告第 197 号—4—2019	饲料中海南霉素的测定　液相色谱-串联质谱法	
5	农业农村部公告第 197 号—5—2019	饲料中可乐定等 7 种 α-受体激动剂的测定　液相色谱-串联质谱法	
6	农业农村部公告第 197 号—6—2019	饲料中利巴韦林等 7 种抗病毒类药物的测定　液相色谱-串联质谱法	
7	农业农村部公告第 197 号—7—2019	饲料中福莫特罗、阿福特罗的测定　液相色谱-串联质谱法	
8	农业农村部公告第 197 号—8—2019	动物毛发中赛庚啶残留量的测定　液相色谱-串联质谱法	
9	农业农村部公告第 197 号—9—2019	畜禽血液和尿液中 150 种兽药及其他化合物鉴别和确认　液相色谱-高分辨串联质谱法	
10	农业农村部公告第 197 号—10—2019	畜禽血液和尿液中 160 种兽药及其他化合物的测定　液相色谱-串联质谱法	

国家卫生健康委员会
农 业 农 村 部
国家市场监督管理总局
公 告
2019 年 第 5 号

　　根据《中华人民共和国食品安全法》规定,经食品安全国家标准审评委员会审查通过,现发布《食品安全国家标准 食品中农药最大残留限量》(GB 2763—2019,代替 GB 2763—2016 和 GB 2763.1—2018)等 3 项食品安全国家标准。其编号和名称如下:

　　GB 2763—2019 食品安全国家标准 食品中农药最大残留限量

　　GB 23200.116—2019 食品安全国家标准 植物源性食品中 90 种有机磷类农药及其代谢物残留量的测定 气相色谱法

　　GB 23200.117—2019 食品安全国家标准 植物源性食品中喹啉铜残留量的测定 高效液相色谱法

　　以上标准自发布之日起 6 个月正式实施。标准文本可在中国农产品质量安全网(http://www.aqsc.org)查阅下载。标准文本内容由农业农村部负责解释。

　　特此公告。

国家卫生健康委员会

农业农村部

国家市场监督管理总局

2019 年 8 月 15 日

农 业 农 村 部
国家卫生健康委员会
国家市场监督管理总局
公　告
第 114 号

　　根据《中华人民共和国食品安全法》规定,经食品安全国家标准审评委员会审查通过,现发布《食品安全国家标准　食品中兽药最大残留限量》(GB 31650—2019,代替农业部公告第 235 号中的相应部分)及 9 项兽药残留检测方法食品安全国家标准,其编号和名称如下:

　　GB 31650—2019　食品安全国家标准　食品中兽药最大残留限量

　　GB 31660.1—2019　食品安全国家标准　水产品中大环内酯类药物残留量的测定　液相色谱-串联质谱法

　　GB 31660.2—2019　食品安全国家标准　水产品中辛基酚、壬基酚、双酚 A、己烯雌酚、雌酮、17α-乙炔雌二醇、17β-雌二醇、雌三醇残留量的测定　气相色谱-质谱法

　　GB 31660.3—2019　食品安全国家标准　水产品中氟乐灵残留量的测定　气相色谱法

　　GB 31660.4—2019　食品安全国家标准　动物性食品中醋酸甲地孕酮和醋酸甲羟孕酮残留量的测定　液相色谱-串联质谱法

　　GB 31660.5—2019　食品安全国家标准　动物性食品中金刚烷胺残留量的测定　液相色谱-串联质谱法

　　GB 31660.6—2019　食品安全国家标准　动物性食品中 5 种 α_2-受体激动剂残留量的测定　液相色谱-串联质谱法

　　GB 31660.7—2019　食品安全国家标准　猪组织和尿液中赛庚啶及可乐定残留量的测定　液相色谱-串联质谱法

　　GB 31660.8—2019　食品安全国家标准　牛可食性组织及牛奶中氮氨菲啶残留量的测定　液相色谱-串联质谱法

　　GB 31660.9—2019　食品安全国家标准　家禽可食性组织中乙氧酰胺苯甲酯残留量的测定　高效液相色谱法

　　以上标准自 2020 年 4 月 1 日起实施。标准文本可在中国农产品质量安全网(http://www.aqsc.org)查阅下载。

农业农村部

国家卫生健康委员会

国家市场监督管理总局

2019 年 9 月 6 日

中华人民共和国农业农村部公告
第 251 号

《肥料　包膜材料使用风险控制准则》等39项标准业经专家审定通过,现批准发布为中华人民共和国农业行业标准,自2020年4月1日起实施。

特此公告。

附件:《肥料　包膜材料使用风险控制准则》等39项农业行业标准目录

农业农村部
2019 年 12 月 27 日

附件：

《肥料　包膜材料使用风险控制准则》等 39 项农业行业标准目录

序号	标准号	标准名称	代替标准号
1	NY/T 3502—2019	肥料　包膜材料使用风险控制准则	
2	NY/T 3503—2019	肥料　着色材料使用风险控制准则	
3	NY/T 3504—2019	肥料增效剂　硝化抑制剂及使用规程	
4	NY/T 3505—2019	肥料增效剂　脲酶抑制剂及使用规程	
5	NY/T 3506—2019	植物品种特异性、一致性和稳定性测试指南　玉簪属	
6	NY/T 3507—2019	植物品种特异性、一致性和稳定性测试指南　蕹菜	
7	NY/T 3508—2019	植物品种特异性、一致性和稳定性测试指南　朱顶红属	
8	NY/T 3509—2019	植物品种特异性、一致性和稳定性测试指南　菠菜	
9	NY/T 3510—2019	植物品种特异性、一致性和稳定性测试指南　鹤望兰	
10	NY/T 3511—2019	植物品种特异性（可区别性）、一致性和稳定性测试指南编写规则	
11	NY/T 3512—2019	肉中蛋白无损检测法　近红外法	
12	NY/T 3513—2019	生乳中硫氰酸根的测定　离子色谱法	
13	NY/T 251—2019	剑麻织物　单位面积质量的测定	NY/T 251—1995
14	NY/T 926—2019	天然橡胶初加工机械　撕粒机	NY/T 926—2004
15	NY/T 927—2019	天然橡胶初加工机械　碎胶机	NY/T 927—2004
16	NY/T 2668.13—2019	热带作物品种试验技术规程　第 13 部分：木菠萝	
17	NY/T 2668.14—2019	热带作物品种试验技术规程　第 14 部分：剑麻	
18	NY/T 385—2019	天然生胶　技术分级橡胶（TSR）浅色胶生产技术规程	NY/T 385—1999
19	NY/T 2667.13—2019	热带作物品种审定规范　第 13 部分：木菠萝	
20	NY/T 3514—2019	咖啡中绿原酸类化合物的测定　高效液相色谱法	
21	NY/T 3515—2019	热带作物病虫害防治技术规程　椰子织蛾	
22	NY/T 3516—2019	热带作物种质资源描述规范　毛叶枣	
23	NY/T 3517—2019	热带作物种质资源描述规范　火龙果	
24	NY/T 3518—2019	热带作物病虫害监测技术规程　橡胶树炭疽病	
25	NY/T 3519—2019	油棕种苗繁育技术规程	
26	NY/T 3520—2019	菠萝种苗繁育技术规程	
27	NY/T 3521—2019	马铃薯面条加工技术规范	
28	NY/T 3522—2019	发芽糙米加工技术规范	
29	NY/T 3523—2019	马铃薯主食复配粉加工技术规范	
30	NY/T 3524—2019	冷冻肉解冻技术规范	
31	NY/T 3525—2019	农业环境类长期定位监测站通用技术要求	
32	NY/T 3526—2019	农情监测遥感数据预处理技术规范	
33	NY/T 3527—2019	农作物种植面积遥感监测规范	
34	NY/T 3528—2019	耕地土壤墒情遥感监测规范	
35	NY/T 3529—2019	水稻插秧机报废技术条件	
36	NY/T 3530—2019	铡草机报废技术条件	
37	NY/T 3531—2019	饲料粉碎机报废技术条件	
38	NY/T 3532—2019	机动脱粒机报废技术条件	
39	NY/T 2454—2019	机动植保机械报废技术条件	NY/T 2454—2013